主审 / 郭 建

SHUKONG CHEXI

JIAGONG

XIANGMU JIAOCHENG

U0190771

数控车铣加工项目教程

主 编 陈沪川 高世生

副主编 田世聪 刘 洪 陈德彬

参 编 夏海燕 米旭阳 田中霞 王健华

李大敏 李晓梅 陈福利 罗道华

尹 琛 向山东

重庆大学出版社

内容提要

本书以教育部"1+X"数控车铣职业技能等级标准为依据,以综合职业能力培养为目标,以企业典型工作任务为载体,以学生为中心,以职业岗位和职业能力分析为基础进行编写。本书包括 3 个项目,共 17 个学习任务。教材采用活页式形式,将每个任务细分为任务描述、任务目标、知识链接、任务准备、任务实施、考核评价、总结提高、练习实践 8 个环节。书中设计了大量任务工单,以图文并茂的形式引导学生思考并主动查找专业相关信息,学习专业技能,经历完整的工作过程并完成学习任务,获取解决问题的方法和能力。同时,教材还提供了动画、视频、微课等数字资源,为学习者提供操作示范与指导。

本书可作为中等职业学校相关专业学生的教材,也可作为各类数控职业培训的培训教材。

图书在版编目(CIP)数据

数控车铣加工项目教程 / 陈沪川,高世生主编.
重庆:重庆大学出版社,2024.8. -- ISBN 978-7-5689-4736-7
Ⅰ. TG519.1;TG547
中国国家版本馆 CIP 数据核字第 202482NP66 号

数控车铣加工项目教程

主　编　陈沪川　高世生
副主编　田世聪　刘　洪　陈德彬
主　审　郭　建
策划编辑:杨　漫
责任编辑:姜　凤　　版式设计:杨　漫
责任校对:王　倩　　责任印制:赵　晟

*

重庆大学出版社出版发行
出版人:陈晓阳
社址:重庆市沙坪坝区大学城西路 21 号
邮编:401331
电话:(023)88617190　88617185(中小学)
传真:(023)88617186　88617166
网址:http://www.cqup.com.cn
邮箱:fxk@ cqup.com.cn(营销中心)
全国新华书店经销
重庆永驰印务有限公司印刷

*

开本:787mm×1092mm　1/16　印张:16　字数:401 千
2024 年 8 月第 1 版　　2024 年 8 月第 1 次印刷
ISBN 978-7-5689-4736- 7　定价:48.00 元

前　言

本书根据国家职业标准及教育部"1+X"职业技能等级证书(数控车铣加工)标准,结合当前数控技术的发展和教学规律编写而成。

本书内容分为数控车削加工技能训练、数控铣削加工技能训练和数控车铣综合加工技能训练3个项目。涵盖阶梯轴的数控车削加工、平面零件的数控铣削加工、数控车削 CAD/CAM编程与加工等17个学习任务。本书将从事企业数控车铣岗位所需的专业知识与操作技能有机融合,融入课程思政,重点培养学习者的工匠精神和劳动精神,提升学习者的职业素养。

本书通过校企双元合作开发,以企业职业岗位与职业能力分析为依据,以企业典型数控车铣加工工作任务为载体,以任务工单为引导,体现学生中心地位,突出"学材"属性。内容理实结合、由浅入深,采用活页式教材形式编写,可灵活组合,并配套建设有丰富的数字教学资源。每一个学习任务侧重于一个新的知识点,每个任务包含任务描述、任务目标、知识链接、任务准备、任务实施、考核评价、总结提高、练习实践8个环节。学习过程中,学习者需要根据任务工单及相关的知识链接完成任务,同时提供相关数字资源,为学习者相应的操作示范与指导。教师和学习者共同对学习成果进行评价,体现了"以学生为中心、以学习成果为导向、促进自主学习"的教材开发理念。本书既可作为中职学校数控技术应用专业的专业课程教材,也可作为制造业企业员工、技术及管理人员继续教育培训的教材和参考用书。

本书由重庆市荣昌区职业教育中心陈沪川(任务三)、高世生(任务七)担任主编,田世聪(任务五)、刘洪(任务六、任务八)、陈德彬(任务十七)担任副主编,参编人员有夏海燕(任务一)、米旭阳(任务二)、田中霞(任务四)、王健华(任务九)、李大敏(任务十)、李晓梅(任务十一)、陈福利(任务十二、任务十五)、罗道华(任务十三)、尹琛(任务十四)、向山东(任务十六)。陈沪川对全书编写进行统筹,郭建对全书进行审稿。

由于编写水平有限,书中难免存在不妥之处,恳请广大读者批评指正。

编　者

2024 年 1 月

目　录

项目一

数控车削加工技能训练

任务一　华中系统数控车床基本操作

安全教育

一、任务描述

自改革开放以来,我国工业实现了从"追赶者"到"并跑者",乃至在部分领域成为"领跑者"的华丽转身,成为名副其实的"世界工厂"。数控技术作为这一进程中的关键力量,发挥着巨大作用。无论是飞驰的高铁列车、翱翔蓝天的国产大飞机,还是精密的医疗设备、庞大的重型机械,这些国之重器的背后,都离不开数控技术的有力支撑。高精度、自动化的数控机床就像是工业界的魔术师,将冰冷的金属变身为精密的工业艺术品。通过数控技术的学习,我们不仅能亲手操作这些先进的数控机床,还能掌握数控加工方法,感受科技带来的力量与乐趣。

数控车床作为用于轴套类等零件加工的最常见的数控设备,在本任务中,以国产数控系统——华中数控 8 系列为例,将从数控车床的基本操作学起,逐步深入数控技术的大门,为实现国家的"制造强国"战略贡献自己的力量。

二、任务目标

（1）能正确进行数控车床开关机的操作。

（2）能熟练操作华中数控 8 系列数控车床系统的 MDI 面板。

（3）能熟练输入、编辑数控加工程序。

（4）能正确模拟校验数控加工程序。

（5）能正确运行数控加工程序。

三、知识链接

1. 华中系统数控车床面板

HNC-808Di-TU 数控车床系统操作面板和机床操作面板，如图1-1 所示。

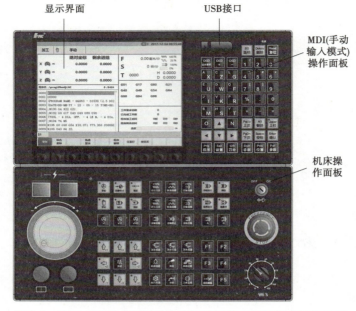

图1-1　HNC-808Di-TU 数控车床系统操作面板和机床操作面板

华数8系列车床MDI面板和操作面板介绍

2. MDI（手动输入模式）操作面板

HNC-808Di-TU 系统数控车床 MDI 键盘功能介绍，见表1-1。

表1-1　HNC-808Di-TU 系统数控车床 MDI 键盘功能介绍

图标	名称	作用
 ……	字符键（包括字母、数字、符号）	输入字母、数字和符号
	光标移动键	控制光标左右、上下移动
%	程序名符号键	输入主、子程序的程序名符号
BS 退格	退格键	向前删除字符
Delete 删除	删除键	删除当前程序、字符

图标	名称	作用
Reset 复位	复位键	CNC 复位,进给、输入停止
Alt 替换	替换键	替换光标当前位置的程序代码
Upper 上档	上档键	当按键上有两个字符时,可以用上档键切换输入上面一个字符
Space 空格	空格键	向后空一格操作
Enter 确认	确认键	输入打开及确认输入
PgUp 上页　PgDn 下页	翻页键	同一显示界面时,上下页面的切换
Prg 程序　Set 设置　Oft 刀补　Dgn 诊断　Pos 位置　Par 参数	功能按键	选择自动加工、刀具设置、用户程序管理、故障诊断、参数设置等操作所需的功能集,以及对应界面
软键图标	软键	10 个软键中,最左端按键为返回上一级菜单键,箭头为蓝色时有效,功能集一级菜单时箭头为灰色。最右端按键为继续菜单键,箭头为蓝色时有效。当按下该键时,在同一级菜单中可循环切换界面

3. 机床操作面板的按键定义

HNC-808Di-TU 系统数控车床机床操作面板按键具体功能介绍,见表 1-2。

表 1-2　HNC-808Di-TU 系统数控车床机床操作面板按键功能介绍

图标	名称	作用	有效时工作方式
手轮	手轮工作方式键	选择手轮工作方式	手轮
回参考点	回零工作方式键	选择回零工作方式键	回零
增量	增量工作方式键	选择增量工作方式	增量
手动	手动工作方式键	选择手动工作方式	手动

续表

图标	名称	作用	有效时工作方式
	MDI 工作方式键	选择 MDI 工作方式	MDI
	自动工作方式键	选择自动工作方式	自动
	单段开关键	①逐段运行或连续运行程序的切换 ②单段有效时,指示灯亮	自动、MDI(含单段)
	手轮模拟开关键	①手轮模拟功能是否开启的切换 ②该功能开启时,可通过手轮控制刀具按程序轨迹运行。正向摇手轮时,继续运行后面的程序;反向摇手轮时,反向回退已运行的程序	自动、MDI(含单段)
	程序跳段开关键	当程序段首标有"/"符号时,该程序段是否跳过切换	自动、MDI(含单段)
	选择停开关键	①程序运行到"M00"指令时,是否停止切换 ②若程序运行前已按下该键(指示灯亮),当程序运行到"M00"指令时,则进给保持,再按循环启动键才可继续运行后面的程序;若没有按下该键,则连贯运行该程序	自动、MDI(含单段)
	超程解除键	①取消机床限位 ②按住该键可解除报警,并可运行机床	手轮、手动、增量
(绿色)	循环启动键	程序、MDI 指令运行启动	自动、MDI(含单段)
(红色)	进给保持键	程序、MDI 指令运行暂停	自动、MDI(含单段)
	增量/手轮倍率键	手轮每转 1 格或"手动控制轴进给键"每按 1 次,则机床移动距离对应为 0.001 mm/0.01 mm/0.1 mm	手轮、增量、手动、回零、自动、MDI(含单段、手轮模拟)
	快移速度修调键	快移速度的修调	
	主轴倍率键	主轴速度的修调	
	进给速度修调键	进给速度的修调	

续表

图标	名称	作用	有效时工作方式
	主轴控制键	主轴正转、反转、停止运行控制	手轮、增量、手动、回零、自动、MDI（含单段、手轮模拟）
	动力头控制键	①动力头正、反转控制 ②按下该键，切换动力头旋转/停	
	手动控制轴进给键	①手动或增量工作方式下，控制各轴的移动及方向 ②手轮工作方式时，选择手轮控制轴 ③手动工作方式下，分别按下各轴时，该轴按工进速度运行，当同时还按下"快移"键时，该轴按快移速度运行	手轮、增量、手动
	机床控制按键	手动控制机床的各种辅助动作	顶尖前进、顶尖寸动、顶尖后退、夹爪开/关、刀库正转 → 手轮、增量、手动（且主轴停转） 机床照明、润滑、排屑正转、冷却 → 手轮、增量、手动、回零、自动、MDI（含单段、手轮模拟）
	机床控制扩展按键	手动控制机床的各种辅助动作	机床厂家根据需要设定
	程序保护开关	保护程序不被随意修改	手轮、增量、手动、回零、自动、MDI（含单段、手轮模拟）
	急停键	紧急情况下，使系统和机床立即进入停止状态，所有输出全部关闭	
	进给倍率旋钮	进给速度修调	自动、MDI、手动
	手轮	控制机床运动（当手轮模拟功能有效时，它还可以控制机床按程序轨迹运行）	手轮

续表

图标	名称	作用	有效时工作方式
（绿色）	系统电源开	控制数控装置上电	手轮、增量、手动、回零、自动、MDI（含单段、手轮模拟）
（红色）	系统电源关	控制数控装置断电	

4. 数控车床加工程序结构

数控车床加工程序可以分成程序名、程序内容和程序结束 3 个部分。华中系统数控车床程序结构如下：

```
O0010              ………… 程序名（由字母 O+四位数字组成）
N10 M03 S800 T0101；
N20 G00 X100.0 Z250.0；
N30 X25.0 Z5.0；
…………                        程序内容（由多个程序段组成）
N140 G01 X25.0；
N150 G00 X100.0 Z200.0；
N160 M30；         ………… 程序结束（以程序结束指令 M02 或 M30 作为整个程序结束
                             的符号）
```

程序内容是整个程序的主要部分，包含多个程序段。每个程序段由若干个指令字组成。每个指令字由地址符和数字组成，每一程序段结束用"；"号。如程序段"N30 X100.0 Z250.0；"由 3 个程序字"N30""X100.0"和"Z250.0"组成。

四、任务准备

1. 数控车床

准备华中 HNC-808Di-TU 系统数控车床若干台，平均 2~4 人一台，如图 1-2 所示。

图 1-2　卧式数控车床

2.程序准备

准备如下程序,在任务实施时输入和编辑。

O1000

N10 T0101 M03 S800;

N20 G00 X90 Z20;

N30 X31 Z3;

N40 G01 Z-50 F100;

N50 G00 X36;

N60 Z3;

N70 X30;

N80 G01 Z-50 F80;

N90 G00 X36;

N100 X90 Z20;

N110 M30;

五、任务实施

(一)数控车床开机前检查

(1)应仔细查看车床各部分机构是否完好,认真检查数控系统及各电器附件的插头、插座是否连接可靠。

(2)检查车床各手柄位置是否正常,并在工作前慢车启动,空转数分钟,观察车床是否有异常。

(二)数控车床开机步骤

(1)打开机床电气柜的电源总开关,接通机床主电源,电源指示灯亮,电气柜散热风扇启动。

(2)在机床操作面板上按下系统电源启动"ON"键,为数控系统上电,待显示器工作并显示初始画面。

(三)程序管理

1.程序输入

输入数控程序时,先输入程序名,再输入程序内容;打开数控程序是指打开已经输入数控系统中的程序。

①按开机按钮▊,进入主界面;

②按"自动"▊,再按"编辑程序"▊,单击"新建"▊输入程序名O1000,再单击"确认"▊;

③输入T0101 M03 S800,单击"确认"▊换行;

④输入G00 X90 Z20,单击"确认"▊换行;

⑤输入X31 Z3,单击"确认"▊换行;

⑥输入G01 Z-50 F100,单击"确认"▊换行;

⑦输入G00 X36,单击"确认"▊换行;

⑧输入 Z3,单击"确认" Enter 换行;

⑨输入 X30,单击"确认" Enter 换行;

⑩输入 G01 Z−50 F80,单击"确认" Enter 换行;

⑪输入 G00 X36,单击"确认" Enter 换行;

⑫输入 X90 Z20,单击"确认" Enter 换行;

⑬输入 M30 ,单击"确认" Enter 换行;

⑭单击"保存文件" 保存,返回,再单击"选择程序" 选择 ,找到编辑好的程序名;

⑮按"确认" Enter 进入程序即可运行。

2. 程序重命名

单击"自动" 自动,选择"程序" 程序,再单击"重命名" 重命名,输入新程序名后,单击"确认" Enter 。

3. 程序查找

单击"自动" 自动,再单击"选择程序" 选择,最后单击"查找" 查找,在查找页面输入要查找的程序名,最后单击"确认" 确认。

4. 程序删除

单击"选择程序" 选择,选择要删的程序;再单击"删除" 删除,最后单击"确认" Y 删除。

(四)程序校验

输入完毕后,利用车床的 FANUC 0i Mate-TD 系统进行模拟图形功能,图形功能可以显示自动运行或手动运行期间的刀具移动轨迹,操作者可通过观察屏幕显示出的轨迹来检查加工过程,显示的图形可以进行放大及复原,从而实现程序校核。

图形显示的操作过程如下:

①选择自动模式按钮 自动 。

②在 MDI 面板 MDI 上按下按钮。

③通过光标移动键将光标移至所需设定的参数处,输入数据后按下依次完成各项参数的设定。

④再次按下屏幕显示软键 GRAPH 。

⑤按下循环启动按钮 ●,机床开始移动,并在屏幕上绘出刀具的运动轨迹。

⑥在图形显示过程中,按下屏幕软键 ZOOM → NORMAL 可进行放大和还原。另外,若模拟图形运行异常,机床也会进行报警提示。

(五)关机

①加工结束后、关闭电源前,注意检查数控机床的状态及机床各部件的位置。

②依次按下急停按钮 ●,系统电源 ,机床空开 ,关闭机床。

六、考核评价

将任务情况的检测与评分填入表1-3中。

表1-3　数控程序输入与编辑检测评分表

序号	检测内容	配分/分	检测要求	学生自测	教师测评
1	开机前检查	5	开机前能按要求检查机床及周边情况		
2	开机	10	能按正确步骤开机		
3	程序输入正确、快速	35	能快速、准确地输入数控加工程序		
4	复制程序	5	能正确复制程序		
5	重命名程序	5	能正确命名程序		
6	修改程序	5	能修改已有的程序		
7	查找程序	5	能正确调用已存在的数控程序		
8	程序校验	15	能在机床上进行模拟程序加工		
9	删除程序	5	能删除指定的程序		
10	关机	10	能按步骤正确关机		

七、总结提高

填写表1-4,分析任务计划和实施过程中的问题及原因并提出解决办法。

车床、铣床的
日常保养

表1-4　任务实施情况分析表

任务实施内容	问题记录	提出解决办法
开机		
关机		
面板认识		
程序管理		
安全文明生产		

八、练习实践

正确操作数控面板,完成以下程序的输入。

O0010

N10 M03 S800 T0101;

N20 M08;

N30 G00 X100.0 Z250.0；

N40 X30.0 Z5.0；

N50 G01 Z-30.0 F100；

N60 X30.0；

N70 G00 Z5.0；

N80 G00 X25.0；

N90 G01 Z-25.0 F100；

N100 X25.0；

N110 G00 Z5.0；

N120 X20.0；

N130 G01 Z-15.0 F100；

N140 X15.0；

N150 G00 X100.0 Z200.0；

N160 M30；

任务二　数控车床刀具的选择和安装

一、任务描述

"工欲善其事必先利其器"，刀具在数控车削加工中的地位举足轻重，刀具选择是否恰当，安装是否正确，对加工质量、效率和成本有显著的影响。要成为一名优秀的数控加工专业人才，对刀具的认识和把握是必须具备的能力。在本任务中，我们将了解常见的数控车刀，并完成图2-1所示的数控车刀对刀操作。

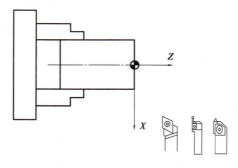

图2-1　任务描述

二、任务目标

（1）知道数控车床常用车刀的种类、结构和特点。

（2）知道数控车刀选择的原则和依据。

（3）能根据零件图纸正确选择、安装和调整数控车削用刀具。

（4）培养机械加工安全文明意识和规程操作的职业素养。

（5）培养团队协作精神和创新意识。

三、知识链接

（一）数控车床常用刀具的种类

数控车床上的常用刀具如图2-2所示。使用这些刀具能自动完成内外圆柱面、圆锥面、圆弧面、端面、螺纹等工序的切削加工，并能进行切槽、钻孔、镗孔、扩孔、铰孔等加工，如图2-3所示。

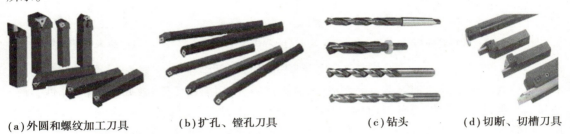

（a）外圆和螺纹加工刀具　　（b）扩孔、镗孔刀具　　（c）钻头　　（d）切断、切槽刀具

图2-2　数控车常用加工刀具

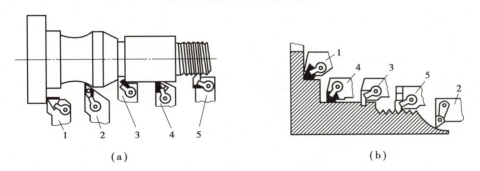

（a）　　　　　　　　　　　　　　　（b）

图2-3　数控车典型加工表面

1—外（内）端面车刀；2—外（内）轮廓车刀；3—外（内）切槽刀；
4—外圆（内孔）车刀；5—外（内）螺纹车刀

小测验

将下列车刀与正确的用途用直线连接起来。

外圆车刀　　　　　　　用于车削端面和倒角，也可用来车外圆

端面车刀　　　　　　　用于车削工件的外圆、台阶和端面

切断、切槽刀　　　　　用于车削工件的内圆表面，如圆柱孔、圆锥孔等

镗孔刀　　　　　　　　用于车削螺纹

螺纹车刀　　　　　　　用于切断工件或车沟槽

（二）数控车常用刀具的结构形式

车刀的结构形式有整体式、焊接式、机夹可转位式等几种。其结构形式如图2-4所示。

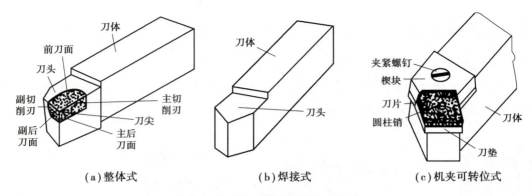

图 2-4　数控车常用刀具的结构形式

整体式车刀由高速钢刀条刃磨而成,刀具刃口锋利,切削速度低、效率低,用于非铁金属、塑料等材料加工。焊接式车刀由硬质合金刀片焊接在刀杆上,价格较低,磨损后重磨,效率低。可转位车刀包括可转位式外圆车刀、可转位式外槽车刀、可转位式内孔车刀、可转位式外螺纹车刀、内螺纹车刀等。由专业的企业生产,将可转位刀片装夹在刀杆上构成,一个切屑刃磨损后只需将刀片松开转一个位置,再夹紧即可继续投入切削,效率高。故数控车床一般都选用可转位式车刀进行加工。

(三)车刀的几何要素

无论哪种结构形式的车刀,车刀切削部分的几何要素都可以总结为"一尖两刃三面",如图 2-5 所示。

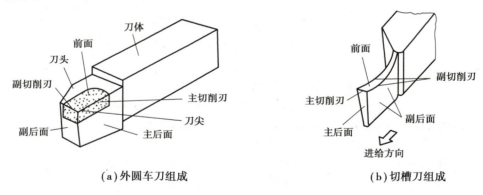

图 2-5　车刀切削部分的组成

(1)前刀面:刀具上切屑流过的表面。

(2)主后刀面:刀具上与工件加工表面相对的表面。

(3)副后刀面:刀具上与工作已加工表面相对的表面。

(4)主切削刃:它是前刀面与主后刀面相交的交线部位,负责主要的切削工作。

(5)副切削刃:它是前刀面与副后刀面相交的交线部位,参与部分切削工作。

(6)刀尖:主、副切削刃相交的交点部位,为了提高刀尖的强度和耐用度,通常把刀尖刃磨成圆弧形和直线形的过渡刃。

(四)数控车床坐标系

数控车床坐标系分为机床坐标系和工件坐标系(编程坐标系)。

1.机床坐标系

以机床原点为坐标系原点建立起的 X、Z 轴直角坐标系。车床的机床原点为主轴旋转中心与卡盘后端面的交点。机床坐标系是制造和调整机床的基础,也是设置工件坐标系的基础,不允许随意改动,如图 2-6 所示(一般经济型数控车不设机床原点)。

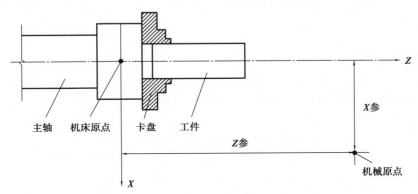

图 2-6　机床坐标系

2.机械原点

机械原点又称机床固定原点或机床参考点。机械原点为数控车床上的固定位置,通常设置在 X 轴和 Z 轴的正向最大行程处,并由行程限位开关来确定其具体位置。

利用机床返回参考点操作或执行数控系统所指定的自动返回机械原点指令,可以使所指令的轴自动返回机械原点,如图 2-6 所示。

3.工件坐标系

实际加工中,刀具的运动轨迹往往是相对被加工工件描述的,为方便编程和加工,应先确定工件坐标系和工

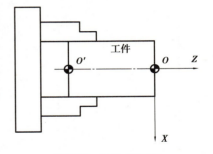

图 2-7　工件坐标系

件原点。工件坐标系原点是指工件装夹完成后,选择工件上的某一点作为编程或工件加工的基准点,在车床上的工件原点一般选择在工件的左端面或右端面上。如图 2-7 所示的 O 点和 O' 点。

（五）刀位点与手动对刀

刀位点是指编制程序和加工时,用于表示刀具特征的点,也是对刀和加工的基准点。在不考虑刀尖微小圆弧的情况下,尖形车刀的刀位点通常是指刀具的刀尖,圆弧形车刀的刀位点是指圆弧刃的圆心,如图 2-8 所示。对刀的目的就是确立工件坐标系的原点在机床坐标系中的位置,建立起两者之间的联系。

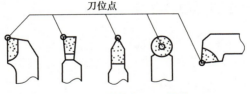

图 2-8　数控车刀刀位点

对刀操作在整个加工过程中的作用非常重要,将直接影响加工的精度。若对刀错误,有发生生产事故的危险,会直接危害机床和操作者的安全,因此,要规范、正确、熟练地掌握。本书在数控车削加工中采用手动对刀,也称为试切法对刀,这是最简单的一种对刀方法,将在后面详细说明。

四、任务准备

(一)成立学习小组

接收教师下达的学习任务,做好分组工作,一台机床 2～3 人为一小组,为激发小组执行力和提高团队成员的凝聚力,设小组长 1 名。同时,根据《实训教学规章制度》进行职务和岗位职责分工,见表 2-1。

表 2-1　小组成员与岗位职责表

小组编号	成员名单	职务	岗位职责
1			
2			
3			
4			
5			

(二)实训器材准备

为每小组准备以下实训器材,见表 2-2。

表 2-2　器材准备表

名称	图例	说明
刀具		外圆刀、切槽刀、螺纹刀各 1 把
工件		45#钢
机床		华中 8 系列系统

五、任务实施

（一）开机、回机床参考点

（1）接通数控车床电源。

（2）打开数控车床开关，启动数控系统。

（3）按快速进给键，按"X"键，X 轴回机床参考点；按"Z"键，Z 轴回机床参考点。

（4）切换成手动方式，结束回机床参考点的工作方式。

（二）刀具的装夹

车刀的安装是否正确，是车削能否顺利进行的前提条件，即使车刀角度合理。但如果不正确安装，也会改变车刀的实际工作角度，因此，在工作车削加工前必须掌握车刀的正确装夹方法。

车刀装夹的具体要求如下：

（1）将刀架安装面、车刀及垫片用棉纱擦净，把车刀安装在刀架上，在不影响观察的前提下，车刀伸出部分的长度要尽量短些，以增强其刚性。伸出长度以不超过刀杆厚度的 1～1.5 倍为宜，如图 2-9（a）所示。

车刀伸出过长，刀杆的刚性相对较弱，车削时容易产生振动，影响工件加工表面的粗糙度，甚至损坏车刀，如图 2-9（b）、（c）所示。

（a）正确　　　　　　　　（b）不正确　　　　　　　　（c）不正确

图 2-9　车刀的装夹

（2）保证车刀的实际主偏角后、在装夹车刀时，要保证车刀主切削刃的安装位置。如图 2-10（a）所示，车出的台阶端面不平。如图 2-10（b）所示，当车刀车到规定长度后、沿径向退出，可以保证台阶端面平直。

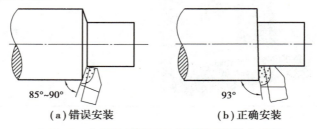

85°~90°　　　　　　　　　93°

（a）错误安装　　　　　　　　（b）正确安装

图 2-10　车台阶时外圆刀主切削刃的装夹位置

（3）车刀位置正确后，用专用扳手将前后两个螺钉逐个拧紧，刀架扳手不允许加套管，以防损坏螺钉。

（4）车刀的刀尖应装得与工件回转中心一样高，如图 2-11 所示。若车刀的刀尖低于工件的回转中心、在车削端面至中心时会在工件上形成凸头，如图 2-12 所示。若车刀的刀尖高于工件的回转中心，在车削端面至中心时会造成刀尖崩碎，如图 2-13 所示。

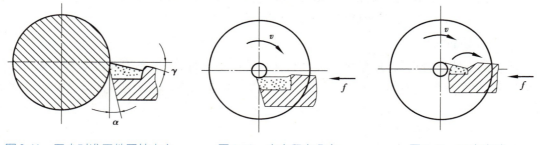

图 2-11　刀尖对准工件回转中心　　　图 2-12　中心留有凸台　　　图 2-13　刀尖崩碎

（三）车刀刀尖对准工件回转中心的方法

（1）根据车床的主轴中心高，用钢直尺测量装刀，如图 2-14 所示，这种方法比较简便。

（2）根据车床尾座顶尖的高低装刀，如图 2-15 所示。

图 2-14　用钢直尺测量装刀

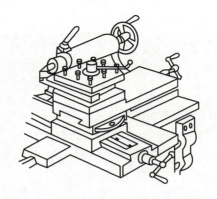

图 2-15　根据车床尾座顶尖的高低装刀

（3）把车刀靠近工件端面，用目测法估计车刀的高低，然后紧固车刀，试车端面，再根据端面中心调整车刀，当车出的端面无凸台时，刀尖即对正工件中心，如图 2-16 所示。

（四）对刀方法及步骤

对刀采用试切法：试切法是指通过试切，由试切直径和试切长度来计算刀具偏置的方法。

（1）装夹好工件及刀具。

（2）在 MDI 模式下选择合适的转速，启动主轴正转。

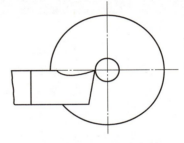

图 2-16　根据工件的中心装刀

（3）用手轮方式移动刀具试切工件端面，试切削出光整的端面（从 A 点切到 O 点），然后刀具沿 X 向退出（此时刀具不得有 Z 向移动），如图 2-17 所示。

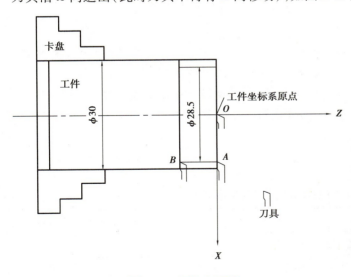

图 2-17　工件坐标系

外圆车刀安装及对刀

图 2-18　选择刀补磨损

（4）按下"加工"，打开"刀补磨损"子界面，如图 2-18 所示；按"光标"或"翻页"可将光标移到需设置处。例如，需设置 1 号刀 Z 轴偏置，单击"试切长度"，激活输入框，然后输入"0"，按"Enter"，刀补表中对应的 Z 轴坐标值即时更新，系统自动设置好 Z 轴坐标,如图 2-19 所示。

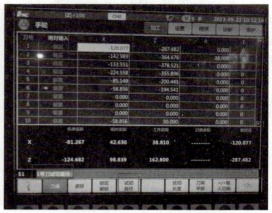

图 2-19　华中 8 型数控系统 X、Z 轴刀补设置

(5)再用手轮移动刀具在工件外圆处切一个台阶,即从 A 点切到 B 点(切入深度和宽度需注意加工尺寸),刀具在 X 向不动的情况下沿 Z 向移出工件,如图 2-17 所示。

(6)在手动方式下停止主轴旋转,用量具测量台阶处直径尺寸(28.5 mm)。

(7)在"刀补磨损" 子界面,如图 2-19 所示;按"光标"或"翻页" 可将光标移到需设置处。例如,需设置 1 号刀 X 轴偏置,单击"试切直径" ,激活输入框,然后输入测得的台阶直径测量值"28.5",按"Enter" ,刀补表中对应的 X 轴坐标值即时更新,系统自动设置好 X 轴坐标。

(8)切槽刀和螺纹刀的对刀操作,重复步骤(1)~(6)即可。

注意:

(1)刀具可快速靠近工件,但要控制好距离,以免刀具撞击工件,造成刀具或者工件损坏。

(2)非基准刀设置 Z 轴坐标时,用刀尖接触刀工件右端面即可。

(3)切断刀使用左刀尖碰工件右端面设置 Z 轴坐标,编写程序时要考虑切断刀的刀宽。

(4)完成对刀后要把刀台移到安全位置,防止换刀时碰触工件。

六、考核评价

具体评价项目及标准见表 2-3。

表 2-3　任务评分标准及检测报告

序号	检测内容	配分/分	检测要求	学生自测	教师测评
1	开机	5	能按正确流程开机		
2	回机床参考点	10	开机后能正确操作机床,并返回参考点		
3	装夹工件	10	能正确装夹工件,保证无偏心		
4	安装外圆车刀	10	能保证主偏角、中心高正确,伸出长度合适		
5	X 轴方向对刀	15	能控制刀具正确试切,并输入刀补值		
6	Z 轴方向对刀	15	能控制刀具正确试切,并输入刀补值		

续表

序号	检测内容	配分/分	检测要求	学生自测	教师测评
7	退刀	10	试切完成后控制刀具回退到安全位置		
8	关机	5	能按正确流程关机		
9	安全生产	5	违反安全操作规程不得分		
10	整理整顿	5	工量刃具摆放不规范不得分		
11	清洁清扫	5	机床内外、周边清洁不合格不得分		
12	设备保养	5	未正确保养不得分		

七、总结提高

填写表2-4,分析任务计划和实施过程中的问题及原因并提出解决办法。

表2-4　任务实施情况分析表

任务实施内容	问题记录	解决办法
工件安装		
刀具安装		
X 轴方向对刀		
Z 轴方向对刀		
安全文明生产		

八、练习实践

(一) 刀具选择

根据零件图2-20,选择对应的数控车削加工刀具,并填写在表2-5中。

切槽刀安装及对刀

19

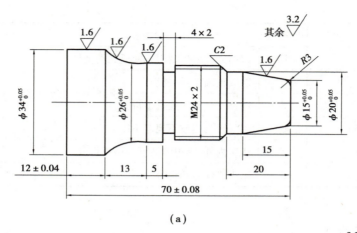

（a）

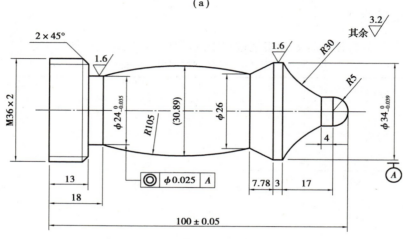

（b）

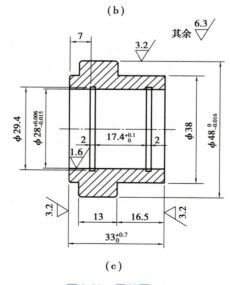

（c）

图 2-20　零件图

表2-5　刀具选择实训表

零件图	加工名称	加工内容	车刀	备注
图（a）				
图（b）				
图（c）				

（二）刀具安装及对刀

练习切槽刀、螺纹刀的安装及对刀练习，并填写检测报告，见表2-6。

表2-6　任务评分标准及检测报告

序号	检测内容	检测要求	配分/分	学生自测	教师测评
1	开机	能按正确流程开机	5		
2	回机床参考点	开机后能正确操作机床返回参考点	10		
3	装夹工件	能正确装夹工件，保证无偏心	10		
4	安装外圆车刀	能保证主偏角、中心高正确，伸出长度合适	10		
5	X 轴方向对刀	能控制刀具正确试切，并输入刀补值	15		
6	Z 轴方向对刀	能控制刀具正确试切，并输入刀补值	15		
7	退刀	试切完成后控制刀具回退到安全位置	10		
8	关机	能按正确流程关机	5		
9	安全生产	违反安全操作规程不得分	5		
10	整理整顿	工量刀具摆放不规范不得分	5		
11	清洁清扫	机床内外、周边清洁不合格不得分	5		
12	设备保养	未正确保养不得分	5		

任务三　阶梯轴的数控车削加工

一、任务描述

在本任务中，我们将完成如图3-1所示的阶梯轴零件加工。作为数控行业的从业人员，在生产过程中,必须深刻理解并严格遵守车间和企业的各项安全操作规程及生产管理制度。这是确保个人安全、维护生产秩序、提升工作效率的前提。在学习过程中,我们一定要坚持"安全第一,文明实训"的原则,认真学习并自觉遵守安全操作规程,不断强化安全意识、提升安全素养,在未来的工作中稳健前行。

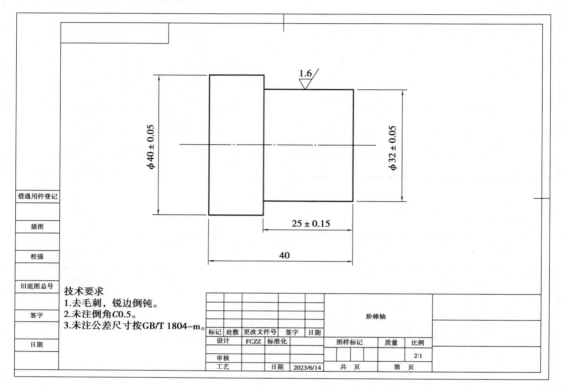

图 3-1　阶梯轴零件图

二、任务目标

(1)会识读数车加工工艺卡。

(2)会合理选择数控车削加工的切削用量。

(3)会使用 G00,G01,G90 指令正确编写阶梯轴类零件的加工程序。

(4)会正确操作机床设备独立完成零件加工。

(5)会使用量具对零件尺寸进行检测。

(6)培养机械加工安全文明意识和规程操作的职业素养。

(7)培养团队协作精神和创新意识。

三、知识链接

(一)相关编程指令说明

1. G00——快速定位指令

G00 一般用于加工前快速定位或加工后快速退刀。既可以是单坐标运动,也可以是双坐标运动。

格式:G00 X(U)＿ Z(W)＿

注:(1)G00 的快移速度可由面板上的快速修调按钮修正。

(2)X,Z 为绝对编程时,快速定位终点在工件坐标系中的坐标。

(3)U,W 为相对坐标方式编程,下同。

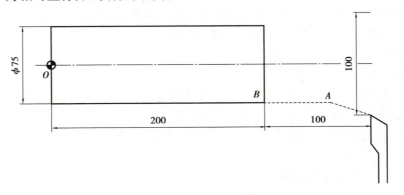

图 3-2 G00 快速定位指令

例:图 3-2 程序如下:

绝对值方式编程(G90):G00 X75 Z200;

增量值方式编程(G91):G91 G00 X-25 Z-100;或 G00 U-25 W-100;

　　　　　　　　　　　G00 U-25 Z200; G00 X75 W-100;

运动轨迹:刀尖先是沿 X、Z 向同时走 25 快速到 A 点,接着沿 Z 向再走 75 快速到 B 点。

2. G01——直线插补

该指令是将刀具按给定速度沿直线移动到指定的位置。一般作为切削加工运动指令。既可以是单坐标运动,也可以是双坐标联动。

格式:G00 X(U)＿ Z(W)＿ F ＿

注:(1)G01 指令中应给出速度 F 值。速度范围为 12 ~ 2 000 mm/min。

(2)只有一个坐标值时,刀具将沿该方向运动,有两个坐标值时,刀具将按给定的终点坐标值做直线插补运动。

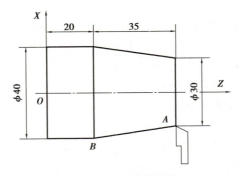

图 3-3 G01 直线插补

例:图 3-3 程序如下(假设刀尖在 A 点,移动到 B 点):

绝对值编程方式(G90):G01 X40 Z20 F100

增量值编程方式（G91）：G91　G01　X10　Z-35　F100

3. G80——内（外）径切削固定循环

（1）圆柱内（外）径切削循环

格式：G80　X（U）__　Z（W）__　F __

X、Z：绝对编程时，为切削终点 C 在工件坐标系下的坐标；增量编程时，为切削终点 C 相对于循环起点 A 的有向距离，图形中用 U 和 W 表示。

如图 3-4 所示，该指令执行轨迹为：$A \rightarrow B \rightarrow C \rightarrow D \rightarrow A$。

（2）圆锥面内（外）径切削循环

格式：G80　X（U）__　Z（W）__　I __　F __

注：（1）X、Z：绝对编程时，为切削终点 C 在工件坐标系下的坐标；增量编程时，为切削终点 C 相对于循环起点 A 的有向距离，图形中用 U、W 表示。

（2）I：为切削起点 B 与切削终点 C 的半径差。其符号为差的符号（无论是绝对编程还是增量编程）。

如图 3-5 所示，该指令执行轨迹为：$A \rightarrow B \rightarrow C \rightarrow D \rightarrow A$。

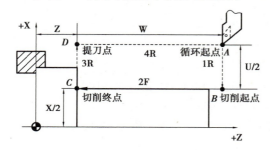

图 3-4　圆柱面内（外）径切削循环　　　　图 3-5　圆锥面内（外）径切削循环

（二）切削用量的选择

1. 切削用量的概念

切削用量是指切削时各运动参数的数值，它是调整机床的依据。切削用量包括切削速度 v、进给量 f 和切削深度 a_p。这三者称为切削用量三要素。

（1）切削速度 v_c。

切削速度 v_c 是指主运动的线速度，单位为 m/s（或 m/min）。与机床主轴转速的关系为：

$$n = \frac{1\,000v_c}{\pi d}$$

式中　　d——工件待加工表面的直径，mm；

　　　　n——工件的转速，r/s 或 r/min。

（2）进给量 f。

进给量是指工件或刀具回转一周，刀具与工件之间沿进给方向的相对位移，单位为 mm/r。在数控编程时，默认单位一般是 mm/min。它们的换算关系为：

$$F = nf$$

式中　　n——工件的转速，r/min。

（3）切削深度 a_p。

切削深度是指待加工表面与已加工表面之间的垂直距离,单位为 mm。单边切削深度:

$$a_p = \frac{d_1 - d_2}{2}$$

式中　　d_1——工件待加工表面的直径,mm;

d_2——工件已加工表面的直径,mm。

2. 切削用量的选择原则

（1）切削深度 a_p 的确定。

在工艺系统刚度和机床功率允许的情况下,尽可能地选取较大的背吃刀量,以减少进给次数。当零件精度要求较高时,则应考虑留出精车余量,其所留的精车余量一般比普通车削时所留余量小,常取 0.1～0.5 mm。

（2）进给量 f。

进给量 f 的选取应与背吃刀量和主轴转速相适应。在保证工件加工质量的前提下,可以选择较高的进给速度。在切断、车削深孔或精车时,应选择较低的进给速度。

粗车时,一般取 f=0.3～0.8 mm/r;精车时,常取 f=0.1～0.3 mm/r;切断时,取 f=0.05～0.2 mm/r。

（3）车外圆时主轴转速的确定。

表 3-1 为硬质合金外圆车刀切削速度的参考值。除了可参考该表中列出的数值外,主要根据实践经验进行确定。

表 3-1　硬质合金外圆车刀切削速度的参考值

工件材料	热处理状态	a_p/mm		
		(0.3,2]	(2,6]	(6,10]
		f/(mm·r^{-1})		
		(0.08,0.3]	(0.3,0.6]	(0.6,1]
		v_c/(m·min^{-1})		
低碳钢、易切钢	热轧	140～180	100～120	70～90
中碳钢	热轧	130～160	90～110	60～80
	调质	100～130	70～90	50～70
合金结构钢	热轧	100～130	70～90	50～70
	调质	80～110	50～70	40～60
工具钢	退火	90～120	60～80	50～70
灰铸铁	HBS<190	90～120	60～80	50～70
	HBS=190～225	80～110	50～70	40～60
高锰钢		10～20		

续表

工件材料	热处理状态	a_p/mm		
		(0.3,2]	(2,6]	(6,10]
		$f/(\text{mm} \cdot \text{r}^{-1})$		
		(0.08,0.3]	(0.3,0.6]	(0.6,1)
		$v_c/(\text{m} \cdot \text{min}^{-1})$		
铜及铜合金		200~250	120~180	90~120
铝及铝合金		300~600	200~400	150~200
铸铝合金		100~180	80~150	60~100

例如:本任务中材料是45#钢,属于中碳钢,毛坯直径42 mm。根据上表:

粗车时背吃刀量 a_p 取 2 mm。

切削速度 v_c 取 100 m/min,则主轴转速 $n = 1\,000v_c/(\pi d) = (1\,000 \times 100)/(3.14 \times 42) \approx 700(\text{r/min})$。

进给量 f 取 0.3 mm/r,则 $F = nf = 700 \times 0.3 = 210(\text{mm/min})$。

四、任务准备

(一)零件图工艺分析

该零件表面由圆柱表面组成,表面有尺寸精度和表面粗糙度等要求,零件材料为45#钢,棒料尺寸是 $\phi 42 \times 100$,无热处理和硬度要求。因此,采用一次装夹,按照先粗后精的原则制定加工工艺卡,见表3-2。

表3-2 机械加工工艺过程卡

零件名称	阶梯轴	机械加工工艺过程卡	毛坯种类	棒料	共1页
			材料	45#钢	第1页
工序号	工序名称	工序内容		设备	工艺装备
10	备料	毛坯尺寸 $\phi 42 \times 100$,材料45#钢			
20	车右端轮廓,切断	车右端端面,粗车右端外圆 $\phi 40 \pm 0.05$,$\phi 32 \pm 0.05$		CAK6136	三爪卡盘
		精车右端外圆 $\phi 40 \pm 0.05$,$\phi 32 \pm 0.05$,并按要求倒角			
		手动切断工件,保证总长			
30	钳	锐边倒钝,去毛刺		钳台	台虎钳
40	清洗	用清洁剂清洗零件			
50	检验	按图样尺寸检测			
编制		日期		审核	日期

(二)设备、刀具、辅助工量器具

实施本项目所需的设备、刀具、辅助工量具,见表3-3。

表3-3　设备、刀具、辅助工量具表

序号	名称	简图	型号/规格	数量
1	数控车床		CAK6136(机床行程:750 mm 最高转速:3 000 r/min,数控系统:华中 HNC818型)	1
2	自定心卡盘		200 mm	1
3	游标卡尺		0~200 mm	1
4	千分尺		25~50 mm	1
5	外圆车刀		90°右偏刀	1
6	切断刀		刀宽4 mm	1
7	卡盘扳手			1
8	刀台扳手			1
9	刀杆垫片		0.5,1,2,5,10 mm 等若干	

（三）加工工艺路线安排

按照基面先行、先面后孔、先粗后精、先主后次的加工顺序安排原则制订数控车削加工工艺路线,见表3-4。

表3-4 加工工艺路线

序号	工步名称	图示	序号	工步名称	图示
1	车右端面		3	精车右端外圆	
2	粗车右端外圆		4	切断	

五、任务实施

（一）识读数控加工工序卡（工序号20）

数控加工工序卡是操作人员用数控加工程序进行数控加工的主要指导性工艺资料。数控加工工序卡要反映工步及对应的切削用量、工序简图、夹紧定位位置等,见表3-5。

表3-5 数控加工工序卡

零件名称	阶梯轴	数控加工工序卡		工序号	20	工序名称	数车
材料	45#钢	毛坯规格/mm	$\phi42\times100$	机床设备	CAK6136	夹具	三爪卡盘

工步号	工步内容	刀具号	刀具名称	主轴转速 $n/(\text{r}\cdot\text{min}^{-1})$	进给速度 $f/(\text{mm}\cdot\text{min}^{-1})$	背吃刀量 a_p/mm	备注
1	将工件用自定心卡盘夹紧,伸出长度约50 cm						
2	车右端面	T01	90°外圆刀	600	120	1	
3	粗车外圆 $\phi40\pm0.05$,$\phi32\pm0.05$,直径方向留0.5 mm加工余量	T01	90°外圆刀	700	210	2	

工步号	工步内容	刀具号	刀具名称	主轴转速 $n/(\mathrm{r \cdot min^{-1}})$	进给速度 $f/(\mathrm{mm \cdot min^{-1}})$	背吃刀量 a_p/mm	备注
4	精车外圆 $\phi40\pm0.05$, $\phi32\pm0.05$ 并倒角	T01	90°外圆刀	1 000	150	0.5	
5	切断	T02	切断刀	700	70	4	
6	锐边倒钝，去毛刺						
编制		审核		批准	年　　月　　日	共　页	第　页

（二）识读数控加工刀具卡

数控加工刀具卡是组装数控加工刀具和调整数控加工刀具的依据。数控加工刀具卡上要反映刀具号、刀具结构、刀杆型号、刀片型号及材料等，见表3-6。

表3-6　数控加工刀具卡

零件名称	传动轴	数控加工刀具卡		设备名称	数控车床	
工序名称	数车	工序号	20	设备型号	CAK6136	
工步号	刀具号	刀具名称	刀杆规格/mm	刀片材料	刀尖半径/mm	备注
2,3,4	T01	90°外圆车刀	20×20	硬质合金	0.4	
5	T02	切断刀	4 mm 宽	硬质合金		
编制		审核		批准	共　页	第　页

（三）数控加工进给路线图

机床刀具运行轨迹图是编程人员进行数值计算、编制程序、审查程序和修改程序的主要依据。数控加工进给路线图，见表3-7。

表3-7　数控加工进给路线图

数控加工进给路线图	零件图号		工序号	20	工步号	3	程序号	％1000
机床型号	CAK6136	程序段号		加工内容	粗车右端外轮廓		共 2 页	第 1 页

续表

数控加工进给路线图		零件图号		工序号	20	工步号	4	程序号	％1000
机床型号	CAK6136	程序段号		加工内容	精车右端外轮廓			共2页	第2页

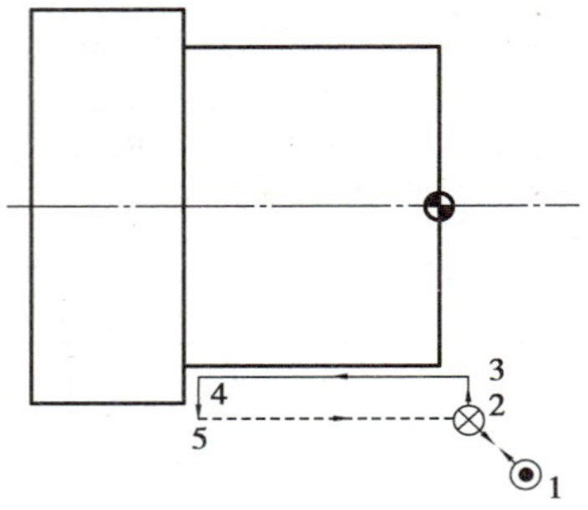

符号	⊗	⊙	⊕	------→	——→	
含义	循环点	换刀点	编程原点	快速走刀	进给走刀	

（四）节点坐标计算

根据表中的精车路线图，计算各点坐标，填写在表3-8中。

表3-8 节点坐标

序号	节点坐标	序号	节点坐标	序号	节点坐标
1		3		5	
2		4			

（五）编写加工程序

数控加工程序单是编程员根据工艺分析情况，经过数值计算，按照数控机床规定的指令代码，根据运行轨迹图的数据处理而进行编写的。请填写表3-9的数控加工程序单。

表3-9 数控加工程序单

程序号	程序内容	程序说明

（六）加工操作

具体加工操作见表3-10。

表 3-10　加工操作

序号	操作流程	工作内容及说明	备注
1	机床开机	检查机床→开机→低速热机→回机床参考点	
2	工件装夹	用三爪卡盘夹住毛坯一端，使用卡盘扳手和加力杆夹紧工件，注意工件伸出长度不能过长，以超出最长加工长度 10 mm 左右为宜	
3	刀具安装	安装外圆车刀、切断刀。刀具的伸出长度尽量短，要保证刀尖与工件中心等高。另外，切断刀刀杆要与刀台平齐，避免撞刀	
4	建工件坐标系	试切削法建立工件坐标系。建议采用手轮模式进行试切，避免撞刀	参照任务二完成对刀操作
5	程序输入	将编写的加工程序输入机床数控系统	参照任务一完成程序输入
6	程序校验	锁住机床，使用图形校验功能检查程序	
7	运行程序	先调低倍率单段运行程序，无问题后再调到 100% 倍率加工工件。如有事故立即按下急停按钮	
8	手动切断	切断工件。一般以左刀尖为对刀点，切断时刀具的偏移距离是工件总长加刀宽	
9	零件检测	使用千分尺测量外圆直径、游标卡尺测量工件长度值	

六、考核评价

具体评价项目及标准见表3-11。

表 3-11　任务评分标准及检测报告

序号	检测项目	检测内容	配分/分	检测要求	学生自测		教师测评	
					自测尺寸	评分	检测尺寸	评分
1	长度	25±0.015	10	超差不得分				
2	长度	40	10	超差不得分				
3	外圆	φ32±0.05	10	超差不得分				
4	外圆	φ40±0.05	10	超差不得分				
5	表面粗糙度	Ra1.6	5	超差不得分				
6	倒角	未注倒角	3	不符合不得分				
7	去毛刺	是否有毛刺	2	不符合不得分				
8	工件完整性	φ32 外圆	5	未完成不得分				
		φ40 外圆	5	未完成不得分				
		切断工件	5	未完成不得分				
9	机械加工工艺卡执行情况	是否完全执行工艺卡片	5	不符合不得分				
	刀具选用情况	是否完全执行刀具卡片	5	不符合不得分				
10	现场操作	安全生产	10	违反安全操作规程不得分				
		整理整顿	5	工量刀具摆放不规范不得分				
		清洁清扫	5	机床内外、周边清洁不合格不得分				
		设备保养	5	未正确保养不得分				

七、总结提高

填写表 3-12，分析任务计划和实施过程中的问题及原因并提出解决办法。

表 3-12 任务实施情况分析表

任务实施内容	问题记录	解决办法
加工工艺		
加工程序		
加工操作		
加工质量		
安全文明生产		

八、练习实践

自选毛坯,制订计划,完成如图 3-6 所示零件的加工和检测,并填写表 3-13。

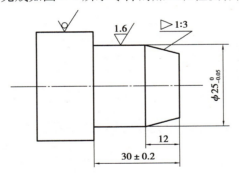

图 3-6 零件图

表 3-13 评分标准及检测报告

序号	检测项目	检测内容	配分/分	检测要求	学生自测		教师测评	
					自测尺寸	评分	检测尺寸	评分
1	长度	30±0.2	10	超差不得分				
		12	10	超差不得分				
2	外圆	$\phi 25_{-0.05}^{0}$	15	超差不得分				
3	锥度	1:3	10	超差不得分				

续表

序号	检测项目	检测内容	配分/分	检测要求	学生自测		教师测评	
					自测尺寸	评分	检测尺寸	评分
4	表面粗糙度	$Ra1.6$	5	超差不得分				
5	倒角	未注倒角	5	不符合不得分				
6	去毛刺	是否有毛刺	5	不符合不得分				
7	工件完整性	$\phi25$ 外圆	5	未完成不得分				
		锥度	5	未完成不得分				
8	机械加工工艺卡执行情况	是否完全执行工艺卡片	5	加工工艺是否正确、规范				
9	刀具选用情况	是否完全执行刀具卡片	5	刀具和切削用量不合理,每项扣1分				
10	现场操作	安全生产	10	违反安全操作规程不得分				
		整理整顿	5	工量刃具摆放不规范不得分				
		清洁清扫	5	机床内外、周边清洁不合格不得分				
		设备保养	5	未正确保养不得分				

任务四　复杂外形轮廓零件数控车削加工

一、任务描述

在本任务中,我们将完成如图4-1所示的圆弧台阶轴零件加工,需要从零件的设计图纸出发,细致分析各阶梯的尺寸和公差要求,精确规划加工路径和切削策略,并反复校验编程代码,以确保每一步操作都准确无误,这样才能保证加工出的零件达到合格标准。任何细微的差错都可能影响产品的精度,甚至整个生产线的运行效率。这种对准确性和规范性的严格要求,正是工匠精神中所倡导的"精细严谨"的工作态度的体现。

二、任务目标

(1)会使用 G02,G03,G71,G72,G73 指令正确编写复杂外形轮廓零件的加工程序。
(2)正确选择切槽时的切削参数。

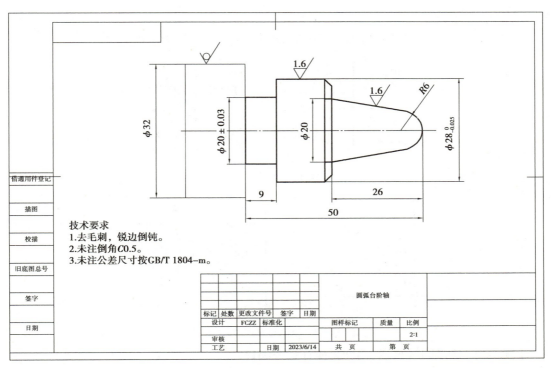

图 4-1　复杂外形轮廓零件图

（3）会正确操作机床设备，独立完成零件加工。

（4）会使用量具对零件尺寸进行检测。

（5）培养机械加工安全文明意识和规程操作的职业素养。

（6）培养团队协作精神和创新意识。

三、知识链接

（一）相关编程指令说明

1. G02/G03——圆弧进给指令

G02/G03 按顺时针/逆时针进行圆弧加工。

格式：G02/G03 X(U)＿Z(W)＿I＿K＿(R＿)F＿

注：G02：顺时针圆弧插补（图 4-2）；

　　G03：逆时针圆弧插补（图 4-2）；

　　X,Z：绝对编程时，圆弧终点在工件坐标系中的坐标（图 4-3）；

　　U,W：增量编程时，圆弧终点相对于圆弧起点的位移量（图 4-3）；

　　I,K：圆心相对于圆弧起点的增加量（等于圆心的坐标减去圆弧起点的坐标，如图 4-3 所示），在绝对、增量编程时都是以增量方式指定，在直径、半径编程时 I 都是半径值；

　　R：圆弧半径（图 4-3）；

　　F：被编程的两个轴的合成进给速度。

注意：

顺时针或逆时针是从垂直于圆弧所在平面的坐标轴的正方向看到的回转方向；同时编入

R 与 I,K 时,R 有效。

R:圆弧半径,当圆弧圆心角小于180°时,R 为正值,否则 R 为负值。

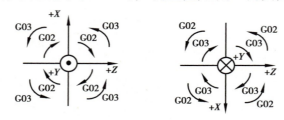

图4-2　插补方向

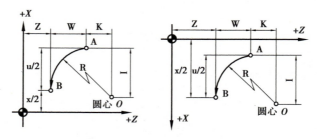

图4-3　G02/G03 参数说明

【例4-1】　如图4-4 所示,用圆弧插补指令编程。

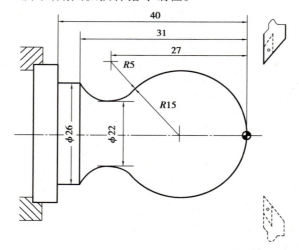

图4-4　零件图

％3309

N1 T0101(设立坐标系,选择 1 号刀)

N2 G00 X40 Z5(移动到起始点位置)

N3 M03 S400(主轴以 400 r/min 正转)

N4 G00 X0(到达工件中心)

N5 G01 Z0 F60(刀具接触工件毛坯)

N6 G03 U24 W−24 R15(加工 R15 圆弧)

N7 G02 X26 Z−31 R5(加工 R5 圆弧)

N8 G01 Z-40(加工 $\phi26$ 外圆)

N9 X40 Z5(回对刀点)

N10 M30(主轴停、程序结束并复位)

2. G71——内(外)径粗车复合循环

格式:G71 U(Δd) R(e) P(ns) Q(nf) X(ΔU) Z(ΔW) F(f) S(s) T(t)

(1)指令意义。

G71 指令分为以下 4 个部分

①到达循环起点;

②给定粗车时的切削量、退刀量和切削速度、主轴转速、刀具功能的程序段;

③给定定义精车轨迹的程序段区间、精车余量的程序段;

④定义精车轨迹的若干连续的程序段,执行 G71 时,这些程序段仅用于计算粗车的轨迹,实际并未被执行。

(2)指令说明。

Δd:粗车时 X 轴的切削量(单位:mm,半径值);

e:粗车时 X 轴的退刀量(单位:mm,半径值);

ns:精车轨迹的第一个程序段的程序段号;

nf:精车轨迹的最后一个程序段的程序段号。

ΔU:X 轴的精加工余量(单位:mm,直径);

ΔW:Z 轴的精加工余量(单位:mm),有符号;

F:切削进给速度;S:主轴转速;T:刀具号、刀具偏置号。

M,S,T,F:可在第一个 G71 指令或第二个 G71 指令中,也可在 ns～nf 程序中指定。在 G71 循环中 ns～nf 间程序段号的 M,S,T,F 功能都无效,仅在 G70 精车指令时有效。

该指令执行粗加工和精加工时,其中精加工路径为 A—A′—B′—B 的轨迹,如图 4-5 所示。

说明:G71 既可以加工复制轮廓的外形,也可以用于车削内孔,精加工余量的正负与进给方向的关系如图 4-5 所示。其中,(+)表示轮廓余量保留在轴的正向,(−)表示轮廓余量保留在轴的负向,如图 4-6 所示。其中内孔加工中如何应用 G71 指令,将在任务七中说明。

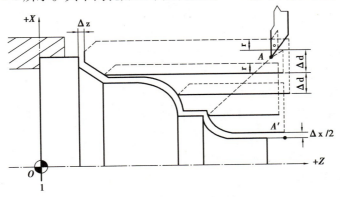

图 4-5　内、外径粗切复合循环

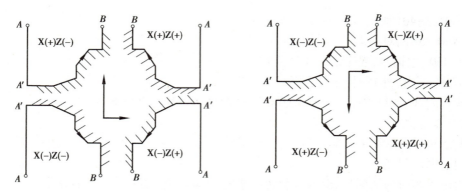

图 4-6 G71 复合循环下 X(△U)和 Z(△W)的符号

【例 4-2】 用外径粗加工复合循环编制如图 4-7 所示零件的加工程序,要求循环起点在 A(46,3),切深为 1.5 mm(半径量)。退刀量为 1 mm,X 方向精加工余量为 0.4 mm,Z 方向精加工余量为 0.1 mm,其中点划线部分为工件毛坯。

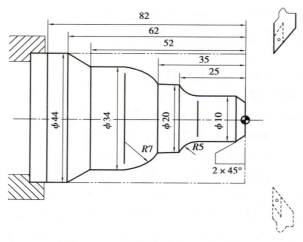

图 4-7 G71 外径复合循环编程实例

%3325

T0101(图 4-7)

N1 G00 X80 Z80(建立工件坐标系,选 1 号刀)

N2 M03 S400(到程序起点位置)

N3 G01 X46 Z3 F100(主轴正转 400 r/min)

N4 G71 U1.5 R1 P5 Q13 X0.4 Z0.1(粗切量:1.5 mm,精切量 X0.4、Z0.1)

N5 G01 X0(精加工轮廓起始行,到倒角延长线)

N6 G01 X10 Z-2(精加工 2×45°倒角)

N7 Z-20(精加工 φ10 外圆)

N8 G02 U10 W-5 R5(精加工 R5 圆弧)

N9 G01 W-10(精加工 φ20 外圆)

N10 G03 U14 W-7 R7(精加工 R7 圆弧)

N11 G01 Z-52(精加工 φ34 外圆)

N12 U10 W-10(精加工外圆锥)

N13 W-20(精加工φ44外圆,精加工轮廓结束行)

N14 X50(退出已加工面)

N15 G00 X80 Z80(回对刀点)

N16 M05(主轴停)

N17 M30(程序结束并复位)

3. G72——端面粗车循环

格式:G72 W(Δd) R(r) P(ns) Q(nf) X(Δx) Z(Δz) F(f) S(s) T(t);

说明:(图4-8)

该循环与G71的区别仅在于切削方向平行于 X 轴。该指令执行如图4-8所示的粗加工和精加工,其中,精加工路径为 $A \to A' \to B' \to B$ 的轨迹。

其中:

Δd:切削深度(每次切削量),指定时不加符号,方向由矢量 AA' 决定;

r:每次退刀量;

ns:精加工路径第一程序段(即图中的 AA')的顺序号;

nf:精加工路径最后程序段(即图中的 $B'B$)的顺序号;

Δx: X 方向精加工余量;

Δz: Z 方向精加工余量;

f,s,t:①粗加工段,编程的F,S,T有效。

②精加工段,如果指令与ns段之间的程序段内设定了F,S,T,将在精加工段内有效,如果没有设定则按照粗加工F,S,T执行。

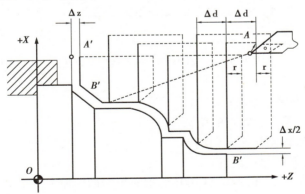

图4-8　端面粗车复合循环G72

G72切削循环下,切削进给方向平行于 X 轴,X(ΔU)和Z(ΔW)的符号如图4-9所示。其中,(+)表示沿轴的正方向移动,(-)表示沿轴的负方向移动。

注意:

(1)G72指令必须带有P,Q地址,否则不能进行该循环加工。

(2)在ns的程序段中应包含G00/G01指令,进行由 A 到 A' 的动作,且该程序段中不应编有X向移动指令。

(3)在顺序号为ns到顺序号为nf的程序段中,可以有G02/G03指令,可以包含子程序。

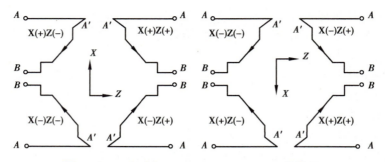

图 4-9　G72 复合循环 X(ΔU)和 Z(ΔW)的符号

【例 4-3】　编制图 4-10 所示零件的加工程序：要求循环起始点在 $A(6,3)$，切削深度为 1.2 mm。退刀量为 1 mm，X 轴方向精加工余量为 0.2 mm，Z 轴方向精加工余量为 0.5 mm，其中点画线部分为工件毛坯。

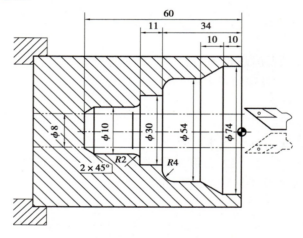

图 4-10　G72 内径粗切复合循环编程实例

%3329

N1 T0101(设立坐标系,选择 1 号刀)

N2 G00 X100 Z80(移到起始点的位置)

N3 M03 S400(主轴以 400 r/min 正转)

N4 G00 X6 Z3(到循环起点位置)

N5 G72W1.2R1P6Q16X-0.2Z0.5F100(内端面粗切循环加工)

N6 G00 Z-61(精加工轮廓开始,到倒角延长线处)

N7 G01 U6 W3 F80(精加工倒 2×45°角)

N8 W10(精加工 φ10 外圆)

N9 G03 U4 W2 R2(精加工 R2 圆弧)

N10 G01 X30(精加工 Z45 处端面)

N11 Z-34(精加工 φ30 外圆)

N12 X46(精加工 Z34 处端面)

N13 G02 U8 W4 R4(精加工 R4 圆弧)

N14 G01 Z-20(精加工 φ54 外圆)

N15 U20 W10（精加工锥面）

N16 Z3（精加工 ϕ74 外圆，精加工轮廓结束）

N17 G00 X100 Z80（返回对刀点位置）

N18 M30（主轴停、主程序结束并复位）

G71,G73,G73
指令对比

4.G73——闭环车削复合循环

格式：G73 U（ΔI） W（ΔK） R（r） P（ns） Q（nf） E（e） F（f） S（s） T（t）

说明：（图4-11）

功能：该功能在切削工件时刀具轨迹为如图4-11所示的封闭回路，刀具逐渐进给，使封闭切削回路逐渐向零件最终形状靠近，最终切削成工件的形状，其精加工路径为 $A \rightarrow A' \rightarrow B' \rightarrow B$。这种指令能对铸造、锻造等粗加工中已初步成形的工件，进行高效率切削。

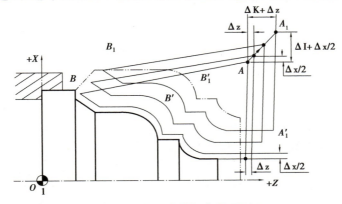

图4-11　闭环车削复合循环 G73

其中：

I：X 轴方向的粗加工总余量；

K：Z 轴方向的粗加工总余量；

r：粗切削次数；

ns：精加工路径第一程序段（即图中的 AA'）的顺序号；

nf：精加工路径最后程序段（即图中的 $B'B$）的顺序号；

Δx：X 轴方向精加工余量；

Δz：Z 轴方向精加工余量；

e：精加工余量，其为 X 轴方向的等高距离，外径切削时为正，内径切削时为负；f，s，t：粗加工时 G73 中编程的 F，S，T 有效，而在精加工段 ns 之前，G73 指令以后设定的 F，S，T 将在 ns 到 nf 段程序中有效。

注意：

ΔI 和 ΔK 表示粗加工时总的切削量，粗加工次数为 r，则每次 X，Z 轴方向的切削量为 ΔI/r，ΔK/r；

按 G73 段中的 P 和 Q 指令值实现循环加工，要注意 Δx 和 Δz，ΔI 和 ΔK 的正负号。

【例4-4】　编制如图4-12所示零件的加工程序：设切削起始点在 $A(60,5)$；X，Z 轴方向的粗加工余量分别为 3 mm，0.9 mm；粗加工次数为 3；X，Z 轴方向的精加工余量分别为 0.6 mm，0.1 mm。其中点画线部分为工件毛坯。

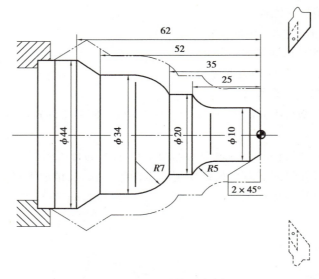

图 4-12　G73 编程实例

%3330

N1 T0101（设立坐标系,选择 1 号刀）

N2 G00 X100 Z80（移到起始点的位置）

N3 M03 S400（主轴以 400 r/min 正转）

N4 G00 X6 Z5（到循环起点位置）

N5 G73 U3 W0.9 R3 P6 Q13 X0.6 Z0.1 F120（外形粗切循环加工）

N6 G00 X0 Z3（精加工轮廓开始,到倒角延长线处）

N7 G01 U10 Z−2 F80（精加工倒 2×45°角）

N8 Z−20（精加工 φ10 外圆）

N9 G02 U10 W−5 R5（精加工 R5 圆弧）

N10 G01 Z−35（精加工 φ20 外圆）

N11 G03 U14 W−7 R7（精加工 R7 圆弧）

N12 G01 Z−52（精加工 φ34 外圆）

N13 U10 W−10（精加工圆锥）

N14 U10（退出已加工表面,精加工轮廓结束）

N15 G00 X100 Z80（返回对刀点位置）

N16 M30（主轴停、主程序结束并复位）

(二)数控车床常见的槽加工方法

如图 4-13 所示,不同类型槽的加工方法如下:

(1)简单槽的加工方法:直接切入,一次成形。直接在零件上一次性加工出所需的形状,这种方法效率高,一般用于切入量较少的零件。

(2)深槽的加工方法:分次切入,多次成形。在零件上加工时,进刀至一定深度后进行适当退刀,然后再进行进刀加工零件,直至将零件尺寸加工到位。这种方法适合加工槽较深的零件。

（3）宽槽加工：排刀粗切，沿槽精切。在加工槽时，先对槽进行粗加工，然后对槽进行精加工。这种方法适用于加工槽较宽的零件。

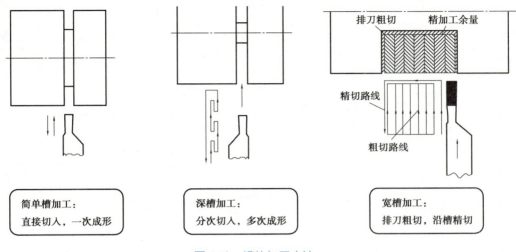

图 4-13　槽的加工方法

（三）切槽时切削参数的选择

数控车床加工槽类零件时，选择切削用量要根据刀具材料、工件材料、加工性质等确定各参数。具体选择原则可参照图 4-14 进行。

切槽加工

多功能刀具推荐切削条件

■ GMG / GMM / GMN / GMGA 推荐切削参数

被加工材料	推荐刀片材质（切削速度：m/min）					切槽加工 宽度（mm）				横向加工 宽度（mm）			
	瓷金 TN90	CVD涂层 CR9025	PVD涂层 PR915	PVD涂层 PR930	硬质合金 KW10	2.0~3.0	4.0	5.0	6.0/8.0	2.0~3.0	4.0	5.0	6.0/8.0
						进刀量（mm/刃）				进刀量（mm/刃）			
碳素钢（SxxC 等等）	☆ 100~220	☆ 80~200	★ 80~200	☆ 80~200	-	0.05~0.15	0.10~0.25	0.15~0.35	0.20~0.35	0.10~0.20	0.15~0.30	0.20~0.40	0.25~0.40
合金钢（SCM 等等）	☆ 80~200	☆ 70~180	★ 70~180	☆ 70~180	-	0.05~0.15	0.10~0.25	0.15~0.35	0.20~0.35	0.10~0.20	0.15~0.30	0.20~0.40	0.25~0.40
不锈钢（SUS304 等等）	☆ 70~160	☆ 60~150	★ 60~150	☆ 60~150	-	0.05~0.15	0.10~0.20	0.15~0.35	0.20~0.35	0.10~0.20	0.15~0.30	0.20~0.40	0.25~0.40
铸铁（FC/FCD 等等）	-	-	-	-	★ 70~150	0.05~0.20	0.10~0.30	0.15~0.40	0.20~0.40	0.10~0.25	0.15~0.35	0.20~0.45	0.25~0.45
铝	-	-	-	-	★ 200~500	0.05~0.20	0.08~0.25	0.10~0.25	0.12~0.30	0.10~0.20	0.10~0.25	0.10~0.25	0.15~0.30
黄铜	-	-	-	-	★ 100~200	0.05~0.15	0.08~0.20	0.12~0.30	0.12~0.30	0.10~0.20	0.10~0.25	0.10~0.25	0.15~0.30

图 4-14　切槽加工

四、任务准备

（一）零件图工艺分析

该零件表面由圆柱表面、圆锥、圆弧、倒角和槽组成，表面有尺寸精度和表面粗糙度等要求，零件材料为 45#钢，棒料尺寸是 φ32，无热处理和硬度要求。因此采用一次装夹，按照先粗后精的原则制订加工工艺卡，见表 4-1。

表 4-1　机械加工工艺过程卡

零件名称	阶梯轴	机械加工工艺过程卡	毛坯种类	棒料	共 1 页
			材料	45#钢	第 1 页
工序号	工序名称	工序内容		设备	工艺装备
10	备料	备料 $\phi32\times100$，材料 45#钢			
20	车端面	加工零件右端面，保证平直		CK6136	三爪卡盘
	粗加工件右边外形	粗车外圆 $\phi28_{-0.025}^{0}\times50$、圆锥、$R6$ 圆弧			
	精加工件右边外形	粗车外圆 $\phi28_{-0.025}^{0}\times50$、圆锥、$R6$ 圆弧			
	切槽	加工槽 $\phi20\pm0.03$，宽 9 mm 的槽，并按要求倒角			
30	钳	锐边倒钝，去毛刺		钳台	台虎钳
40	清洗	用清洁剂清洗零件			
50	检验	按图样尺寸检测			
编制		日期		审核	日期

（二）设备、刀具、辅助工量器具

实施本项目所需的设备、刀具、辅助工量具，见表 4-2。

表 4-2　设备、刀具、辅助工量具表

序号	名称	简图	型号/规格	数量
1	数控车床		CAK6136（机床行程：750 mm 最高转速：3 000 r/min，数控系统：华中 HNC808 型）	1
2	自定心卡盘		200 mm	1
3	游标卡尺		0～200 mm	1
4	千分尺		0～25 mm、25～50 mm	各 1

续表

序号	名称	简图	型号/规格	数量
5	外圆车刀		90°右偏刀	1
6	切断刀		刀宽 4 mm	1
7	卡盘扳手			1
8	刀台扳手			1
9	刀杆垫片		0.5,1,2,5,10 mm 等若干	

（三）加工工艺路线安排

按照基面先行、先面后孔、先粗后精、先主后次的加工顺序安排原则制订数控车削加工工艺路线,见表4-3。

表4-3　加工工艺路线

序号	工步名称	图示	序号	工步名称	图示
1	车右端面		3	精车外形	
2	粗车外形		4	切槽	

五、任务实施

（一）识读数控加工工序卡（工序号20）

数控加工工序卡是操作人员用数控加工程序进行数控加工的主要指导性工艺资料。数控加工工序卡要反映工步及对应的切削用量、工序简图、夹紧定位位置等,见表4-4。

表4-4 数控加工工序卡

零件名称	复杂零件	数控加工工序卡		工序号	20	工序名称	数车
材料	45#钢	毛坯规格/mm	φ32×100	机床设备	CAK6136	夹具	三爪卡盘

工步号	工步内容	刀具号	刀具名称	主轴转速 $n/(\mathrm{r \cdot min^{-1}})$	进给速度 $f/(\mathrm{mm \cdot min^{-1}})$	背吃刀量 a_p/mm	备注
1	将工件用自定心卡盘夹紧,伸出长度约75 cm						
2	车右端面	T01	90°外圆刀	600	120	1	
3	粗车外形轮廓	T01	90°外圆刀	700	210	2	
4	精车外形轮廓	T01	90°外圆刀	1 000	150	0.5	
5	切槽	T02	切槽刀	700	70	4	
6	锐边倒钝,去毛刺						
编制		审核		批准		年 月 日 共 页 第 页	

(二)识读数控加工刀具卡

数控加工刀具卡是组装数控加工刀具和调整数控加工刀具的依据。数控加工刀具卡上要反映刀具号、刀具结构、刀杆型号、刀片型号及材料等,见表4-5。

表4-5 数控加工刀具卡

零件名称	传动轴	数控加工刀具卡		设备名称	数控车床	
工序名称	数车	工序号	20	设备型号	CAK6136	
工步号	刀具号	刀具名称	刀杆规格/mm	刀片材料	刀尖半径/mm	备注
2,3,4	T01	90°外圆车刀	20×20	硬质合金	0.8	
5	T02	切槽刀	20×20	硬质合金	0.1	刀宽4 mm
编制		审核		批准	共 页	第 页

(三)数控加工进给路线图

机床刀具运行轨迹图是编程人员进行数值计算、编制程序、审查程序和修改程序的主要依据。数控加工进给路线图见表4-6。

表4-6 数控加工进给路线图

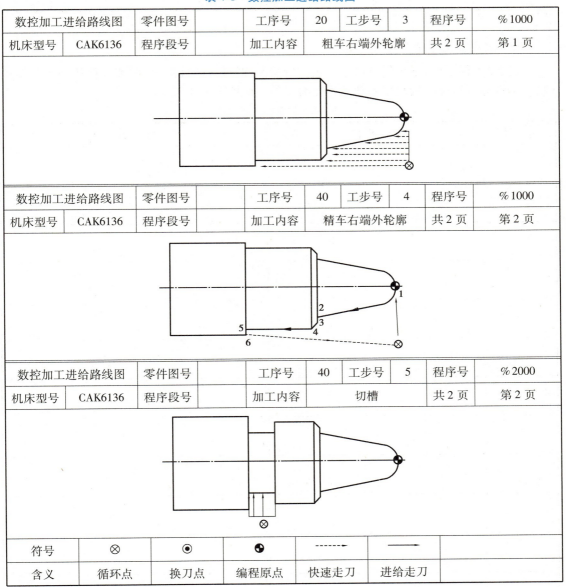

数控加工进给路线图	零件图号		工序号	20	工步号	3	程序号	%1000
机床型号	CAK6136	程序段号	加工内容		粗车右端外轮廓		共2页	第1页

数控加工进给路线图	零件图号		工序号	40	工步号	4	程序号	%1000
机床型号	CAK6136	程序段号	加工内容		精车右端外轮廓		共2页	第2页

数控加工进给路线图	零件图号		工序号	40	工步号	5	程序号	%2000
机床型号	CAK6136	程序段号	加工内容		切槽		共2页	第2页

符号	⊗	⊙	⊕	←---	←	
含义	循环点	换刀点	编程原点	快速走刀	进给走刀	

(四)节点坐标计算

根据表中的精车路线图,计算各点坐标,并填写在表4-7中。

表 4-7 节点坐标计算

序号	节点坐标	序号	节点坐标	序号	节点坐标
1		3		5	
2		4		6	

（五）编写加工程序

数控加工程序单,是编程员根据工艺分析情况,经过数值计算,按照数控机床规定的指令代码,根据运行轨迹图的数据处理而进行编写的。请填写表4-8。

表 4-8 数控加工程序单

程序号	程序内容	程序说明

（六）加工操作

具体加工操作见表4-9。

表 4-9　加工操作

序号	操作流程	工作内容及说明	备注
1	机床开机	检查机床→开机→低速热机→回机床参考点	
2	工件装夹	三爪卡盘夹住毛坯一端，使用卡盘扳手和加力杆夹紧工件，注意工件伸出长度不能过长，以超出最长加工长度 10 mm 左右为宜	
3	外圆刀安装	安装外圆车刀。刀具的伸出长度应尽量短，要保证刀尖与工件中心等高。另外，要保证刀具主偏角为91°～93°	
	切刀安装	安装切刀。刀具的伸出长度应尽量短，要保证刀尖与工件中心等高。另外，切刀刃要平行于主轴轴线	
4	建工件坐标系	用试切削法建立工件坐标系。建议采用手轮模式进行试切，避免撞刀	参照任务二完成对刀操作
5	程序输入	将编写的加工程序输入机床数控系统	参照任务一完成程序输入
6	程序校验	锁住机床，使用图形校验功能检查程序	
7	运行程序	先调低倍率单段运行程序，无问题后再调到100％倍率加工工件。如有事故立即按下急停按钮	
8	手动切断	切断工件。一般以左刀尖为对刀点，切断时刀具的偏移距离是工件总长加上刀宽	
9	零件检测	使用千分尺测量外圆直径，游标卡尺测量工件长度值	

六、考核评价

具体评价项目及标准见表 4-10。

表 4-10　任务评分标准及检测报告

序号	检测项目	检测内容	配分/分	检测要求	学生自测		教师测评	
					自测尺寸	评分	检测尺寸	评分
1	长度	50	6	超差不得分				
2	长度	9	4	超差不得分				
3	长度	26	4	超差不得分				
4	外圆	$\phi 28_{-0.05}^{0}$	8	超差不得分				
5	外圆	$\phi 20 \pm 0.03$	10	超差不得分				
6	圆锥	$\phi 20$	4	超差不得分				
7	圆弧	$R6$	4	超差不得分				
8	表面粗糙度	$Ra1.6$	5	超差不得分				
9	倒角	未注倒角	3	不符合不得分				
10	去毛刺	是否有毛刺	2	不符合不得分				
11	工件完整性	$\phi 32$ 外圆	5	未完成不得分				
		$\phi 20$ 外圆	5	未完成不得分				
		切断工件	5	未完成不得分				
12	机械加工工艺卡执行情况	是否完全执行工艺卡片	5	不符合不得分				
	刀具选用情况	是否完全执行刀具卡片	5	不符合不得分				
13	现场操作	安全生产	10	违反安全操作规程不得分				
		整理整顿	5	工量刃具摆放不规范不得分				
		清洁清扫	5	机床内外、周边清洁不合格不得分				
		设备保养	5	未正确保养不得分				

七、总结提高

填写表 4-11,分析任务计划和实施过程中的问题及原因并提出解决办法。

表 4-11 任务实施情况分析表

任务实施内容	问题记录	解决办法
加工工艺		
加工程序		
加工操作		
加工质量		
安全文明生产		

八、练习实践

自选毛坯,制订计划,完成图 4-15 零件的加工和检测,填写表 4-12。

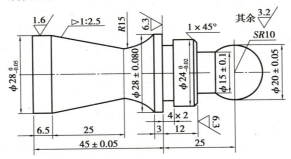

图 4-15 零件图

表 4-12 评分标准及检测报告

序号	检测项目	检测内容	配分/分	检测要求	学生自测		教师测评	
					自测尺寸	评分	检测尺寸	评分
1	长度	6.5	2	超差不得分				
		25	2	超差不得分				
2		45±0.05	3	超差不得分				
3		3	2	超差不得分				
4		12	2	超差不得分				
5		25	3	超差不得分				

续表

序号	检测项目	检测内容	配分/分	检测要求	学生自测		教师测评	
					自测尺寸	评分	检测尺寸	评分
6	外圆	$\phi 28_{-0.05}^{0}$	4	超差不得分				
7		$\phi 28 \pm 0.08$	4	超差不得分				
8		$\phi 24_{-0.02}^{0}$	4	超差不得分				
9		$\phi 15 \pm 0.1$	3	超差不得分				
10		$\phi 20 \pm 0.05$	4	超差不得分				
11	锥度	$1:2.5$	4	超差不得分				
12	圆弧	$R15$	3	超差不得分				
13	表面粗糙度	$Ra1.6$	5	超差不得分				
14	倒角	未注倒角	5	不符合不得分				
15	去毛刺	是否有毛刺	5	不符合不得分				
16	工件完整性	$\phi 28$ 外圆	5	未完成不得分				
		锥度	5	未完成不得分				
17	机械加工工艺卡执行情况	是否完全执行工艺卡片	5	加工工艺是否正确、规范				
18	刀具选用情况	是否完全执行刀具卡片	5	刀具和切削用量不合理,每项扣1分				
19	现场操作	安全生产	10	违反安全操作规程不得分				
		整理整顿	5	工量刀具摆放不规范不得分				
		清洁清扫	5	机床内外、周边清洁卫生不合格不得分				
		设备保养	5	未正确保养不得分				

任务五　螺纹零件数控车削加工

一、任务描述

在本任务中,我们将完成如图5-1所示的螺纹类零件加工,从家里的水龙头到汽车引擎,再到庞大的工业机器,都离不开螺纹零件的紧密连接和精确配合。因此,确保螺纹零件的制造精度和质量至关重要,这直接关系到设备的性能、安全性和使用寿命。在任务执行过程中,我们必须深刻领会"质量就是生命,细节决定成败"的核心理念,从每一个编程参数、每一次刀具调整做起,做到精益求精。

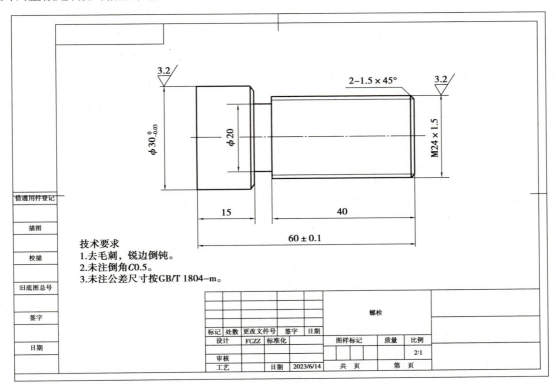

图 5-1　螺纹零件图

二、任务目标

(1)会使用G82指令正确编写螺纹代码,正确操作机床设备,独立完成零件加工。

(2)选择正确的内外螺纹加工尺寸和加工方法。

(3)会确定加工的切削参数。

(4)合理使用刀具及安装、对刀。

(5)会使用量具对零件尺寸进行检测。

(6)培养机械加工安全文明意识和规程操作的职业素养。

(7)培养团队协作精神和创新意识。

三、知识链接

（一）三角螺纹的计算

三角螺纹的主要参数见表5-1。当螺纹在实际加工时，由于挤压会导致螺纹大径变大，因此在车削光杆时的直径，即螺纹的实际大径值时，要略小于螺纹大径的理论值，一般可根据经验公式计算出实际的光杆直径值。

表5-1　三角螺纹的主要参数

基本参数	符号	计算公式	备注
牙型角	α	$\alpha = 60°$	英制三角螺纹 $\alpha = 55°$
螺距	P		双线或多线螺纹时表示导程
螺纹大径（公称直径）	d	$d = D$	通常情况下，螺纹实际大径＝公称直径－0.12P
螺纹中经	d_2	$d_2 = d - 0.649\,5P$	检测螺纹是否合格最重要的参数
螺纹小径	d_1	$d_1 = d - 1.082\,5P$	螺纹加工时的最终尺寸
牙型高度	h_1	$h_1 = 0.541\,3P$	与螺距大小成正比

（二）普通螺纹切削深度及走刀次数参考

由于普通三角螺纹常采用直进法加工，刀具接触面积会逐渐增加。因此，在实际加工时切削深度采取逐渐减小的方式来控制其切削面积，以减小切削深度和切削力。不同螺距螺纹的分刀次数和切削深度可以参考表5-2。

表5-2　切削深度及走刀次数参考

螺距	切削深度（直径值）								
	1次	2次	3次	4次	5次	6次	7次	8次	9次
1.0	0.7	0.4	0.2						
1.5	0.8	0.6	0.4	0.16					
2.0	0.9	0.6	0.6	0.4	0.1				
2.5	1.0	0.7	0.6	0.4	0.4	0.15			
3.0	1.2	0.7	0.6	0.4	0.4	0.4	0.2		
3.5	1.5	0.7	0.6	0.6	0.4	0.4	0.2	0.15	
4.0	1.5	0.8	0.6	0.6	0.4	0.4	0.4	0.3	0.2

（三）相关编程指令及说明

1. G82——直螺纹切削循环

格式：G82 X（U）__Z（W）__R__E__C__P__F/J__Q__;

说明：（图5-2）

X，Z:绝对值编程时，为螺纹终点 C 在工件坐标系下的坐标;增量值编程时，

螺纹加工指令
G82

为螺纹终点 C 相对于循环起点 A 的有向距离,图形中用 U,W 表示,其符号由轨迹 1 和轨迹 2 的方向确定。

R,E:螺纹切削的退尾量,R,E 均为向量,R 为 Z 向回退量;E 为 X 向回退量,R,E 可以省略,表示不用回退功能。

C:螺纹头数,为 0 或 1 时切削单头螺纹。

P:单头螺纹切削时,为主轴基准脉冲处距离切削起始点的主轴转角(缺省值为 0);多头螺纹切削时,为相邻螺纹头的切削起始点之间对应的主轴转角。

F:螺纹导程。

J:英制螺纹导程。

Q:①Q 为螺纹切削退尾时的加减速常数,当该值为 0 时,加速度最大,该数值越大加减速时间越长,退尾时的拖尾痕迹将越长。Q 必须大于等于"0"。

②不写 Q 值时,系统将以各进给轴设定的加减速常数来退尾。

③若需要用回退功能,R,E 必须同时指定。

④短轴退尾量与长轴退尾量的比值不能大于"20"。

⑤Q 值为模态值。

该指令执行如图 5-2 所示 $A \rightarrow B \rightarrow C \rightarrow D \rightarrow A$ 的轨迹动作。

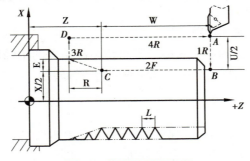

图 5-2　直螺纹切削循环

注意:

螺纹切削循环同 G32 螺纹切削一样,在进给保持状态下,该循环在完成全部动作之后才停止运动。

【例 5-1】　如图 5-3 所示,用 G82 指令编程,毛坯外形已加工完成。

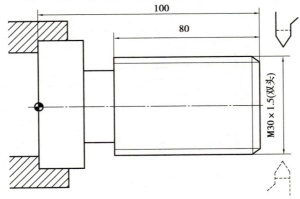

图 5-3　G82 切削循环编程实例

%3324

N1 G00 X35 Z104（到循环起点）

N2 M03 S300（主轴正转 300 r/min）

N3 G82 X29.2 Z18.5 C2 P180 F3（第一次循环切削螺纹，切深 0.8 mm）

N4 X28.6 Z18.5 C2 P180 F3（第二次循环切削螺纹，切深 0.4 mm）

N5 X28.6 Z18.5 C2 P180 F3（第三次循环切削螺纹，切深 0.4 mm）

N6 X28.6 Z18.5 C2 P180 F3（第四次循环切削螺纹，切深 0.16 mm）

N7 M30（主轴停、程序结束并复位）

2. 锥螺纹切削循环

格式：G82 X(U)__Z(W)__ I__R__E__C__P__F(J)__ Q__;

说明：（图 5-4）

X,Z：绝对值编程时，为螺纹终点 C 在工件坐标系下的坐标；增量值编程时，为螺纹终点 C 相对于循环起点 A 的有向距离，图形中用 U,W 表示。

I：为螺纹起点 B 与螺纹终点 C 的半径差。其符号为差的符号（无论是绝对值编程还是增量值编程）。

R,E：螺纹切削的退尾量，R,E 均为向量，R 为 Z 向回退量；E 为 X 向回退量，R,E 可以省略，表示不用回退功能。

C：螺纹头数，为 0 或 1 时切削单头螺纹。

P：单头螺纹切削时，为主轴基准脉冲处距离切削起始点的主轴转角（缺省值为 0）；多头螺纹切削时，为相邻螺纹头的切削起始点之间对应的主轴转角。

F：螺纹导程。

J：英制螺纹导程。

Q：①Q 为螺纹切削退尾时的加减速常数，当该值为 0 时加速度最大，该数值越大加减速时间越长，退尾时的拖尾痕迹将越长。Q 必须大于等于"0"。

②不写 Q 值时，系统将以各进给轴设定的加减速常数来退尾。

③若需要用回退功能，R,E 必须同时指定。

④短轴退尾量与长轴退尾量的比值不能大于"20"。

⑤Q 值为模态值。

该指令执行如图 5-4 所示 $A \rightarrow B \rightarrow C \rightarrow D \rightarrow A$ 的轨迹动作。

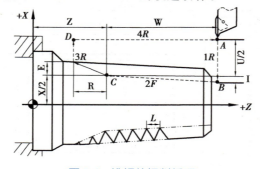

图 5-4　锥螺纹切削循环

（四）螺纹车刀的安装

1.对准中心高

在安装螺纹车刀时，要将刀尖对准零件的回转中心，否则在加工时刀具容易断裂。

图 5-5 　螺纹刀装刀示意图

2.角度正确

在安装螺纹车刀时，要将刀尖的角度摆放正确，否则容易造成加工出的螺纹牙型不正确。为了保证螺纹车刀装刀时的角度正确，通常情况下采用样板装刀，如图 5-5 所示。

3.伸出长度合理

在安装螺纹车刀时，刀头伸出长度要合理，通情况下刀头伸出长度是刀杆厚度的 1～1.5 倍。刀头伸出过长在加工螺纹时容易产生震动，影响螺纹质量。刀头伸出太短在加工螺纹时容易干涩。

四、任务准备

（一）零件图工艺分析

该零件表面由圆柱表面组成，表面有尺寸精度和表面粗糙度等要求，零件材料为 45#钢，棒料尺寸为 φ32，无热处理和硬度要求。因此采用一次装夹，按照先粗后精的原则制订加工工艺卡，见表 5-3。

表 5-3 　机械加工工艺过程卡

零件名称	阶梯轴	机械加工工艺过程卡		毛坯种类	棒料	共 1 页
				材料	45#钢	第 1 页
工序号	工序名称	工序内容			设备	工艺装备
10	备料	备料 φ32×100，材料 45#钢				
20	粗加工右边外形	车右端面，粗精车 φ30 和 φ24 外圆			数车	
	精加工右边外形	精车 φ30 和 φ24 外圆			数车	
	切槽	加工退刀槽			数车	
	车螺纹	加工 M24×1.5 外螺纹，保证尺寸正确			数车	
	切断	切断工件，保证总长			数车	
30	钳	锐边倒钝，去毛刺			钳台	台虎钳
40	清洗	用清洁剂清洗零件				
50	检验	按图样尺寸检测				
编制		日期	审核		日期	

（二）设备、刀具、辅助工量器具

实施本项目所需的设备、刀具、辅助工量器具，见表 5-4。

表 5-4   设备、刀具、辅助工量器具表

序号	名称	简图	型号/规格	数量
1	数控车床		CAK6136(机床行程:750 mm;最高转速:3 000 r/min;数控系统:华中HNC808 型)	1
2	自定心卡盘		200 mm	1
3	游标卡尺		0～200 mm	1
4	千分尺		25～50 mm	1
5	外圆车刀		90°右偏刀	1
6	切断刀		刀宽 3 mm	1
7	螺纹刀		螺距 1.5 mm	1
8	卡盘扳手			1
9	刀台扳手			1
10	刀杆垫片		0.5,1,2,5,10 mm 等若干	

（三）加工工艺路线安排

按照基面先行、先面后孔、先粗后精、先主后次的加工顺序安排原则，制订数控车削加工工艺路线，见表5-5。

表 5-5　加工工艺路线

序号	工步名称	图示	序号	工步名称	图示
1	车右端面		4	切退刀槽	
2	粗车外形轮廓		5	加工螺纹	
3	精车外形轮廓		6	切断	

五、任务实施

（一）识读数控加工工序卡（工序号30）

数控加工工序卡是操作人员用数控加工程序进行数控加工的主要指导性工艺资料。数控加工工序卡要反映工步及对应的切削用量、工序简图、夹紧定位位置等，见表5-6。

表 5-6　数控加工工序卡

零件名称	螺纹	数控加工工序卡		工序号	20	工序名称	数车
材料	45#钢	毛坯规格/mm	φ32×100	机床设备	CAK6136	夹具	三爪卡盘

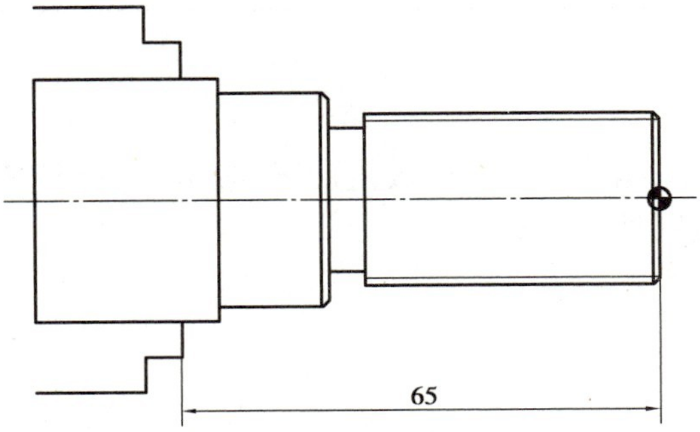

65

续表

工步号	工步内容	刀具号	刀具名称	主轴转速 $n/(\mathrm{r}\cdot\mathrm{min}^{-1})$	进给速度 $f/(\mathrm{mm}\cdot\mathrm{min}^{-1})$	背吃刀量 a_p/mm	备注
1	将工件用自定心卡盘夹紧,伸出长度约50 cm						
2	车右端面	T01	90°外圆刀	600	120	1	
3	粗车外形轮廓,直径方向留0.5 mm加工余量	T01	90°外圆刀	700	210	2	
4	精车外形轮廓并倒角	T01	90°外圆刀	1 000	150	0.5	
5	切退刀槽	T02	切刀	700	70	4	
6	加工螺纹	T03	螺纹刀	800	F1.5		
7	切断	T02	切刀	700	70	4	
编制		审核		批准	年　月　日	共　页	第　页

(二)识读数控加工刀具卡

数控加工刀具卡是组装数控加工刀具和调整数控加工刀具的依据。数控加工刀具卡上要反映刀具号、刀具结构、刀杆型号、刀片型号及材料等,见表5-7。

表5-7　数控加工刀具卡

零件名称	传动轴	数控加工刀具卡		设备名称	数控车床	
工序名称	数车	工序号	20	设备型号	CAK6136	
工步号	刀具号	刀具名称	刀杆规格/mm	刀片材料	刀尖半径/mm	备注
2,3,4	T01	90°外圆车刀	20×20	硬质合金	0.8	
5,7	T02	切刀	20×20	硬质合金	0.1	
6	T03	螺纹刀	20×20	硬质合金		F1.5
编制		审核		批准	共　页	第　页

(三)数控加工进给路线图

机床刀具运行轨迹图是编程人员进行数值计算、编制程序、审查程序和修改程序的主要依据。数控加工进给路线图见表5-8。

表 5-8　数控加工进给路线图

数控加工进给路线图		零件图号		工序号	50	工步号	3	程序号	%1000
机床型号	CAK6136	程序段号		加工内容	粗车外轮廓		共 2 页		第 1 页

数控加工进给路线图		零件图号		工序号	50	工步号	4	程序号	%1000
机床型号	CAK6136	程序段号		加工内容	精车外轮廓		共 2 页		第 1 页

数控加工进给路线图		零件图号		工序号	50	工步号	5	程序号	%2000
机床型号	CAK6136	程序段号		加工内容	切槽		共 2 页		第 1 页

数控加工进给路线图		零件图号		工序号	50	工步号	6	程序号	%3000
机床型号	CAK6136	程序段号		加工内容	车螺纹		共 2 页		第 1 页

续表

数控加工进给路线图		零件图号		工序号	20	工步号	7	程序号	%4000
机床型号	CAK6136	程序段号		加工内容		切断		共2页	第2页

符号	⊗	⊙	❶	- - - -▶	⟶	
含义	循环点	换刀点	编程原点	快速走刀	进给走刀	

(四)节点坐标计算

根据表中的精车路线图,计算各点坐标,并将结果填入表5-9中。

表5-9　节点坐标

序号	节点坐标	序号	节点坐标	序号	节点坐标
1		4		7	
2		5			
3		6			

(五)编写加工程序

数控加工程序单是编程员根据工艺分析情况,经过数值计算,按照数控机床规定的指令代码,根据运行轨迹图的数据处理而进行编写的。请填写表5-10数控加工程序单。

表5-10　数控加工程序单

程序号	程序内容	程序说明

（六）加工操作

具体加工操作见表 5-11。

表 5-11　加工操作

序号	操作流程	工作内容及说明	备注
1	机床开机	检查机床→开机→低速热机→回机床参考点	
2	工件装夹	用三爪卡盘夹住毛坯一端,使用卡盘扳手和加力杆夹紧工件,注意工件伸出长度不能过长,以超出最长加工长度约 10 mm 为宜	
3	外圆刀安装	安装外圆车刀。刀具的伸出长度尽量短,要保证刀尖与工件中心等高。另外要保证刀具主偏角 91°~93°	
	切刀安装	安装切刀。刀具的伸出长度应尽量短,要保证刀尖与工件中心等高。另外,切刀刀要平行于主轴轴线	
	螺纹刀安装	安装螺纹刀,刀具的伸出长度应尽量短,要保证刀尖与工件中心等高。另外装刀时要用样板对刀,保证螺纹刀角度不倾斜	
4	建工件坐标系	试切削法建立工件坐标系。建议采用手轮模式进行试切,避免撞刀	参照任务二完成对刀操作
5	程序输入	将编写的加工程序输入机床数控系统	参照任务一完成程序输入
6	程序校验	锁住机床,使用图形校验功能检查程序	
7	运行程序	先调低倍率单段运行程序,无问题后再调到 100% 倍率加工工件。如有事故立即按下急停按钮	
8	手动切断	切断工件。一般以左刀尖为对刀点,切断时刀具的偏移距离是工件总长加上刀宽	
9	零件检测	使用千分尺测量外圆直径,游标卡尺测量工件长度值	

六、考核评价

螺纹测量

具体评价项目及标准见表5-12。

表5-12　任务评分标准及检测报告

序号	检测项目	检测内容	配分/分	检测要求	学生自测		教师测评	
					自测尺寸	评分	检测尺寸	评分
1	长度	60±0.1	6	超差不得分				
2	长度	40	5	超差不得分				
3	长度	15	5	超差不得分				
4	外圆	$\phi30_{-0.03}^{0}$	8	超差不得分				
5	外圆	$\phi20$	6	超差不得分				
6	螺纹	M24×1.5	10					
7	表面粗糙度	$Ra13.2$	5	超差不得分				
8	倒角	未注倒角	3	不符合不得分				
9	去毛刺	是否有毛刺	2	不符合不得分				
10	工件完整性	$\phi32$ 外圆	5	未完成不得分				
		$\phi40$ 外圆	5	未完成不得分				
		切断工件	5	未完成不得分				
11	机械加工工艺卡执行情况	是否完全执行工艺卡片	5	不符合不得分				
	刀具选用情况	是否完全执行刀具卡片	5	不符合不得分				
12	现场操作	安全生产	10	违反安全操作规程不得分				
		整理整顿	5	工量刃具摆放不规范不得分				
		清洁清扫	5	机床内外、周边清洁不合格不得分				
		设备保养	5	未正确保养不得分				

七、总结提高

填写表5-13,分析任务计划和实施过程中的问题及原因并提出解决办法。

表5-13 任务实施情况分析表

任务实施内容	问题记录	解决办法
加工工艺		
加工程序		
加工操作		
加工质量		
安全文明生产		

八、练习实践

自选毛坯,制订计划,完成图5-6零件的加工和检测,填写表5-14。

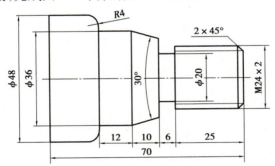

图5-6 零件图

表5-14 评分标准及检测报告

序号	检测项目	检测内容	配分/分	检测要求	学生自测		教师测评	
					自测尺寸	评分	检测尺寸	评分
1	长度	70	6	超差不得分				
		12	2	超差不得分				
2		10	2	超差不得分				
3		6	2	超差不得分				
4		25	4	超差不得分				

续表

序号	检测项目	检测内容	配分/分	检测要求	学生自测		教师测评	
					自测尺寸	评分	检测尺寸	评分
5	外圆	$\phi48$	6	超差不得分				
6		$\phi36$	5	超差不得分				
7	锥度	30°	3	超差不得分				
8	螺纹	M24×2	10	超差不得分				
9	表面粗糙度	$Ra1.6$	5	超差不得分				
10	倒角	未注倒角	5	不符合不得分				
11	去毛刺	是否有毛刺	5	不符合不得分				
12	工件完整性	$\phi25$ 外圆	5	未完成不得分				
		锥度	5	未完成不得分				
13	机械加工工艺卡执行情况	是否完全执行工艺卡片	5	加工工艺是否正确、规范				
14	刀具选用情况	是否完全执行刀具卡片	5	刀具和切削用量不合理,每项扣1分				
15	现场操作	安全生产	10	违反安全操作规程不得分				
		整理整顿	5	工量刃具摆放不规范不得分				
		清洁清扫	5	机床内外、周边清洁不合格不得分				
		设备保养	5	未正确保养不得分				

任务六 轴类零件的数控车削加工

一、任务描述

在本任务中,我们将完成如图6-1所示的细长轴零件加工。这类零件的长度远大于直径,在加工过程中易发生震动和弯曲,导致加工精度和表面质量难以保证。因此,我们需要综合考虑材料特性、切削参数、工装夹具等方面的因素,从而制订出合理的加工方案。通过运用我们所学的知识进行深度思考和独立分析,强化解决实际问题的能力,为今后面对复杂多变的职场挑战打下坚实的基础。

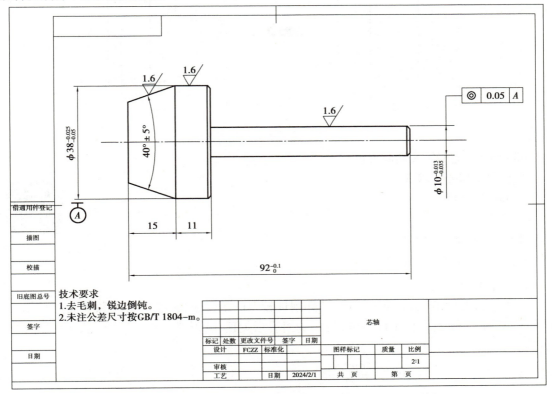

图 6-1　芯轴零件图

二、任务目标

(1)知道一夹一顶装夹工件的特点、装夹结构、使用场合。

(2)会正确使用工具、夹具,一夹一顶装夹工件。

(3)会正确编写数控加工程序。

(4)会正确操作机床完成零件的加工。

(5)培养机械加工安全文明意识和规程操作的职业素养。

(6)培养团队协作精神和创新意识。

三、知识链接

(一)相关计算知识

1.计算锥面小端直径

锥面小端直径的计算如图 6-2 所示。

2.计算步骤

(1)小端面直径计算需用到三角形正切函数。

(2)求 A 的数值。

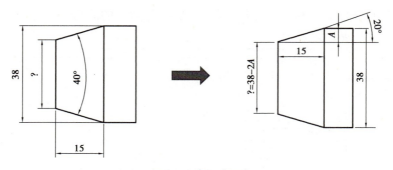

图 6-2 锥面计算

（3）小端面直径＝大端面直径－2*A*。

3. 利用正切公式求 *A*

$A = \tan 20° × 15$

$A = 5.5$

小端直径＝38－2×5.5＝27

一夹一顶装夹工件

（二）一夹一顶相关知识

1. 应用场合

对工件长度伸出较长、质量较重、端部刚性较差的工件，可采用一夹一顶装夹进行加工。利用三爪或四爪卡盘夹住工件一端，另一端用后顶尖顶住，形成一夹一顶装夹结构，如图 6-3 所示。

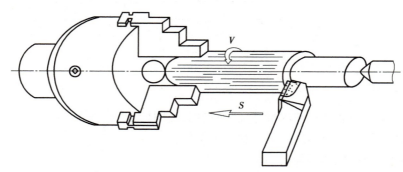

图 6-3 一夹一顶装夹车削工件

2. 装夹特点

（1）装夹比较安全、可靠，能承受较大的轴向切削力。

（2）安装刚性好，轴向定位正确。

（3）增强较长工件端部的刚性，有利于提高加工精度和表面质量。

（4）卡盘卡爪和顶尖重复限制工件的自由度，影响了工件的加工精度。

（5）尾座中心线与主轴中心线产生偏移，车削时轴向容易产生锥度。

（6）较长的轴类零件，中间刚性较差，需增加中心架或跟刀架，对操作者技能程度提出较高的要求。

综上所述，利用一夹一顶装夹加工零件时，工件的装夹长度应尽量短；要进行尾座偏移量的调整。一夹一顶装夹是车削轴类零件最常用的方法。

3.装夹结构

一夹一顶车削,最好要求用轴向限位支撑或利用工件的阶台作限位,否则在轴向切削力的作用下,工件容易产生轴向位移。如果不采用轴向限位支撑,加工者必须随时要注意后顶尖的支顶紧、松情况,并及时进行调整,以防发生事故。装夹结构如图6-4所示。

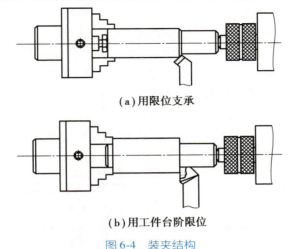

（a）用限位支承

（b）用工件台阶限位

图6-4　装夹结构

4.所用的夹具、量具、工具

所用的夹具,如图6-5所示。

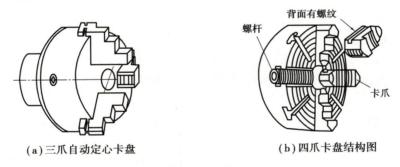

（a）三爪自动定心卡盘　　　　（b）四爪卡盘结构图

图6-5　夹具

①三爪卡盘。三爪卡盘的3个卡爪是同步运动的,能自动定心,工件安装后一般不需要校正。但若工件较长,工件离卡盘较远部分的旋转中心不一定与车床主轴旋转中心重合,这时工件就需校正。如三爪卡盘使用时间较长而精度下降后,工件的加工部位精度要求较高时,也需要进行校正。

因为三爪卡盘装夹工件方便,省时,但夹紧力较小,所以适用于装夹外形较规则的中小型零件,如圆柱形、正三边形、正六边形工件等。

三爪自动定心卡盘规格有150,200,250 mm。

软爪:是未经过热处理的,比较软的卡爪。它的作用就是随时可按产品大小加工出比较接近的圆弧来夹持工件,一般应用在夹持精车过的工件可以最佳保持工件的同轴度。软爪能与工件的表面最大限度地贴合,既能保证传递更大的扭矩,也能避免工件夹伤,这些优势是硬爪无法比拟的,所以正确修正软爪对提高工件精度是十分重要的。

②四爪卡盘。由于四爪卡盘的 4 个卡爪是各自独立运动的,因此工件安装后必须将工件的旋转中心校正到与车床主轴的旋转中心重合,才能车削。

因为四爪卡盘校正工件比较麻烦,但夹紧力较大,所以适合安装大型或形状不规则的工件。

四爪卡盘可装夹成正爪和反爪两种形式。反爪可装夹直径较大的工件。

③后顶尖。后顶尖有固定顶尖和活顶尖两种,如图 6-6 所示。

固定顶尖刚性好,定心准确,但与工件中心孔之间产生滑动摩擦而发热过多,容易将中心孔或顶尖烧坏。因此固定顶尖只适用于低速加工精度要求较高的工件。

活顶尖将工件与中心孔的滑动摩擦改为顶尖内部轴承的滚动摩擦,能在很高的转速下正常工作,克服了固定顶尖的缺点,因此应用日益广泛。但活顶尖存在一定的装配积累误差,以及当滚动轴承磨损后,会使顶尖产生径向摆动,从而降低加工精度。

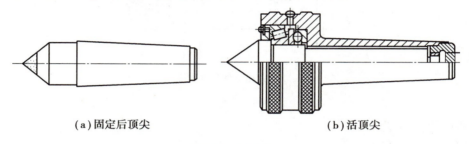

(a)固定后顶尖　　　　　　　　　　　(b)活顶尖

图 6-6　后顶尖

5. 中心孔、中心钻

(1)中心孔的分类。

用顶尖安装工件,必须先在工件端面钻出中心孔。国家标准规定中心孔有 A 型(不带保护锥)、B 型(带保护锥)和 C 型(带螺纹)3 种,如图 6-7 所示。

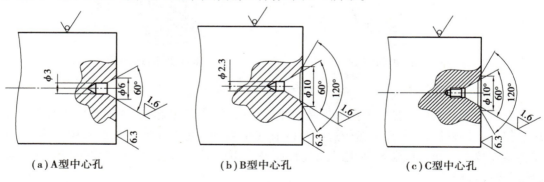

(a)A型中心孔　　　　　　　　(b)B型中心孔　　　　　　　　(c)C型中心孔

图 6-7　中心孔

①A 型中心孔。由圆锥孔和圆柱孔两部分组成。圆锥孔一般为 60°(重型工件用 90°),圆柱孔可储存润滑油,并可防止顶尖头触及工件,保护顶尖锥面和中心孔的锥面配合贴切,以达到正确定心。精度要求一般的零件采用 A 型。

②B 型中心孔。B 型中心孔是在 A 型中心孔的端部再加 120°的圆锥倒角,用以保护 60°锥面不致碰毛,并使工件端面容易加工。适用于精度要求较高,工序较多的工件。

③C 型中心孔。C 型中心孔是在 B 型中心孔的 60°锥孔后加一短圆柱孔(保证攻螺纹进

不碰毛和60°锥孔),后面有一内螺纹。当需要把其他零件轴固定在轴上时,可采用 C 型中心孔。

中心孔的尺寸以圆柱孔直径 d 为标准。d 的大小根据工件重量或按国家标准来选用直径。

(2)中心钻。

直径 6 mm 以下的中心孔通常用中心钻直接钻出。常用的中心钻是用高速钢制成的,如图 6-8 所示。

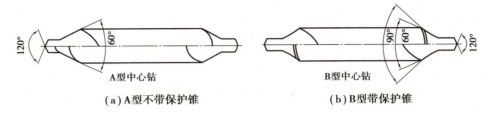

(a)A型不带保护锥　　　　　　　　(b)B型带保护锥

图 6-8　中心钻

(3)中心钻折断的原因。

钻中心孔时,由于中心钻切削部分的直径很小,承受不了过大的切削力,稍不注意,就会使中心钻折断。中心钻折断的原因有以下几点:

①中心钻轴线与工件旋转中心不一致,使中心钻受到一个附加力而被折断。

②工件端面没车平,或中心留有凸头,中心钻不能正确定心而被折断。

③切削用量选用不合适,如工件转速过低而中心钻进给太快使中心钻折断。

④中心钻磨损后,钻头强行钻入工件也会使中心钻折断。

⑤没有浇注充分的切削液或没及时清除切屑,影响顺利排屑,以使切屑堵塞在中心孔内而挤断中心钻。

6. 一夹一顶装夹技巧

(1)装夹工件时,因采用一夹一顶装夹方式,当夹持工件较长时,会产生过定位,影响加工精度,所以工件装夹部位尽可能要短,避免重复限制工件的自由度。

(2)工件端部顶持时,先不要把工件夹紧,给工件一个向尾座移动的力,使工件中心孔与顶尖接触,此时,摇动尾座前行,顶持工件向床头位移,然后再把工件夹紧。此种装夹方法,有利于工件端部中心孔中心线与顶尖轴线重合,提高同轴度精度。

(3)工件调头加工时,为保证同轴度公差,工件不要直接用卡盘夹持精车外圆,应采用一夹一顶装夹,使工件伸出较长,来减小三爪卡盘定位误差,达到图样要求。

四、任务准备

(一)零件图工艺分析

该零件表面由圆柱表面组成,表面有尺寸精度和表面粗糙度等要求,零件材料为45#钢,棒料尺寸为 $\phi40×95$,无热处理和硬度要求。因此采用一次装夹,按照先粗后精的原则制订加工工艺卡,见表6-1。

表 6-1　机械加工工艺过程卡

零件名称	芯轴		机械加工工艺过程卡	毛坯种类	棒料	共 1 页
				材料	45#钢	第 1 页
工序号	工序名称		工序内容		设备	工艺装备
10	备料		备料 $\phi40\times95$，材料 45#钢		CAK6136	三爪（软爪）卡盘 JT23-32,HSS
20	车右端面及夹位		车削右端面，车出夹位			
	打中心孔		打中心孔 A3.15			
30	粗加工零件左边部分		掉头车左端面，并保证总长。粗加工圆锥、$\phi38$ 外圆			
	精加工零件左边部分		精加工圆锥、$\phi38$ 外圆			
40	粗加工零件右边部分		掉头，一夹一顶装夹工件。粗加工 $\phi10$ 外圆及倒角			
	精加工零件右边部分		精加工 $\phi10$ 外圆及倒角			
50	钳		锐边倒钝，去毛刺		钳台	台虎钳
60	清洗		用清洁剂清洗零件			
70	检验		按图样尺寸检测			
编制		日期		审核		日期

（二）设备、刀具、辅助工量器具

实施本项目所需的设备、刀具、辅助工量器具，见表 6-2。

表 6-2　设备、刀具、辅助工量器具表

序号	名称	简图	型号/规格	数量
1	数控车床		CAK6136（机床行程：750 mm，最高转速：3 000 r/min，数控系统：华中 HNC818 型）	1
2	自定心卡盘		200 mm	1

续表

序号	名称	简图	型号/规格	数量
3	游标卡尺		0～200 mm	1
4	千分尺		25～50 mm	1
5	外圆车刀		90°右偏刀	1
6	中心钻		A3.15	5
7	卡盘扳手			1
8	刀台扳手			1
9	刀杆垫片		0.5,1,2,5,10 mm 等若干	
10	莫氏回转顶针		MS5	1
11	钻夹头		1～13 mm B16	1

（三）加工工艺路线安排

按照基面先行、先面后孔、先粗后精、先主后次的加工顺序安排原则制订数控车削加工工艺路线,见表6-3。

表 6-3　加工工艺路线

序号	工步名称	图示	序号	工步名称	图示
1	车右端面及夹位，打中心孔		3	掉头，一夹一顶装夹零件，完成 $\phi10$ 及倒角的粗加工、精加工	
2	掉头装夹零件，完成圆锥和 $\phi38$ 外圆的粗加工、精加工				

五、任务实施

（一）识读数控加工工序卡（工序号 20～40）

数控加工工序卡是操作人员用数控加工程序进行数控加工的主要指导性工艺资料。数控加工工序卡要反映工步及对应的切削用量、工序简图、夹紧定位位置等，见表6-4。

表 6-4　数控加工工序卡

零件名称	阶梯轴	数控加工工序卡		工序号	20	工序名称	数车
材料	45#钢	毛坯规格/mm	$\phi40\times95$	机床设备	CAK6136	夹具	三爪卡盘

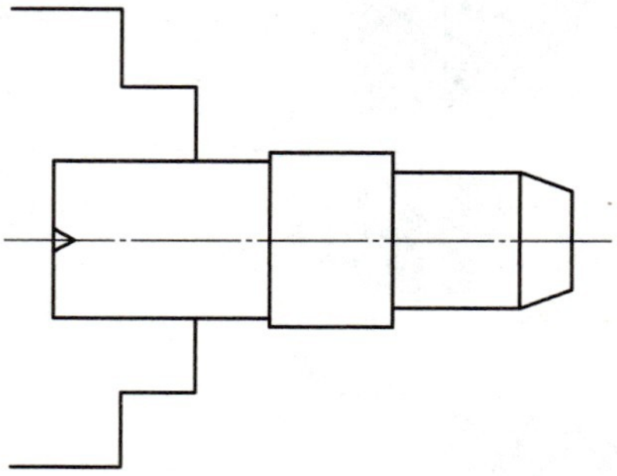

工步号	工步内容	刀具号	刀具名称	主轴转速 $n/(\mathrm{r}\cdot\mathrm{min}^{-1})$	进给速度 $f/(\mathrm{mm}\cdot\mathrm{min}^{-1})$	背吃刀量 $a_{\mathrm{p}}/\mathrm{mm}$	备注
1	车削右端面，车出夹位	T01	90°外圆车刀	600	120	1	
2	打中心孔 A3.15	T01	中心钻 A3.15	1 500		1	
编制		审核		批准		年　月　日　共　页　第　页	

续表

工步号	工步内容	刀具号	刀具名称	主轴转速 $n/(\text{r}\cdot\text{min}^{-1})$	进给速度 $f/(\text{mm}\cdot\text{min}^{-1})$	背吃刀量 a_p/mm	备注
1	掉头车左端面,并保证总长。粗加工圆锥、$\phi38$ 外圆	T01	90°外圆刀	600	120	2	
2	精加工圆锥、$\phi38$ 外圆	T01	90°外圆刀	1 000	80	1	
编制		审核		批准		年　　月　　日	共　页　　第　页

零件名称	阶梯轴	数控加工工序卡		工序号	40	工序名称	数车
材料	45#钢	毛坯规格/mm	$\phi40\times95$	机床设备	CAK6136	夹具	三爪卡盘

工步号	工步内容	刀具号	刀具名称	主轴转速 $n/(\text{r}\cdot\text{min}^{-1})$	进给速度 $f/(\text{mm}\cdot\text{min}^{-1})$	背吃刀量 a_p/mm	备注
1	掉头一夹一顶装夹工件。粗加工 $\phi10$ 外圆	T01	90°外圆刀	600	120	2	
2	精加工 $\phi10$ 外圆	T01	90°外圆刀	1 200	80	1	
编制		审核		批准		年　　月　　日	共　页　　第　页

(二)识读数控加工刀具卡

数控加工刀具卡是组装数控加工刀具和调整数控加工刀具的依据。数控加工刀具卡上要反映刀具号、刀具结构、刀杆型号、刀片型号及材料等,见表6-5。

表6-5　数控加工刀具卡

零件名称		芯轴	数控加工刀具卡		设备名称	数控车床
工序名称		数车	工序号	20	设备型号	CAK6136
工步号	刀具号	刀具名称	刀杆规格/mm	刀片材料	刀尖半径/mm	备注
1	T01	90°外圆车刀	20×20	硬质合金	0.4	
2		A3.15 中心钻				
编制		审核		批准		共　页　　第　页

续表

零件名称	芯轴		数控加工刀具卡		设备名称	数控车床
工序名称	数车		工序号	30	设备型号	CAK6136
工步号	刀具号	刀具名称	刀杆规格/mm	刀片材料	刀尖半径/mm	备注
1	T01	90°外圆车刀	20×20	硬质合金	0.4	
2	T01	90°外圆车刀	20×20	硬质合金	0.4	
编制		审核		批准	共 页	第 页
零件名称	芯轴		数控加工刀具卡		设备名称	数控车床
工序名称	数车		工序号	40	设备型号	CAK6136
工步号	刀具号	刀具名称	刀杆规格/mm	刀片材料	刀尖半径/mm	备注
1	T01	90°外圆车刀	20×20	硬质合金	0.4	
2	T01	90°外圆车刀	20×20	硬质合金	0.4	
编制		审核		批准	共 页	第 页

（三）数控加工进给路线图

机床刀具运行轨迹图是编程人员进行数值计算、编制程序、审查程序和修改程序的主要依据。数控加工进给路线图见表6-6。

表6-6　数控加工进给路线图

数控加工进给路线图		零件图号		工序号	20	工步号	1	程序号	%1000
机床型号	CAK6136	程序段号		加工内容	车右端面及夹位		共2页		第1页

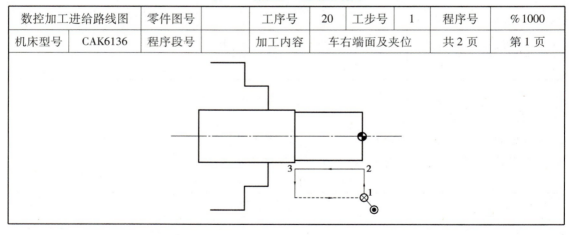

续表

数控加工进给路线图		零件图号		工序号	20	工步号	2	程序号	
机床型号	CAK6136	程序段号		加工内容	打中心孔			共 2 页	第 2 页

数控加工进给路线图		零件图号		工序号	30	工步号	1	程序号	％2000
机床型号	CAK6136	程序段号		加工内容	掉头粗加工零件左边部分			共 2 页	第 2 页

数控加工进给路线图		零件图号		工序号	30	工步号	2	程序号	％2000
机床型号	CAK6136	程序段号		加工内容	精加工零件左边部分			共 2 页	第 2 页

续表

数控加工进给路线图		零件图号		工序号	40	工步号	1	程序号	％3000
机床型号	CAK6136	程序段号		加工内容	掉头粗加工零件右边部分			共2页	第2页

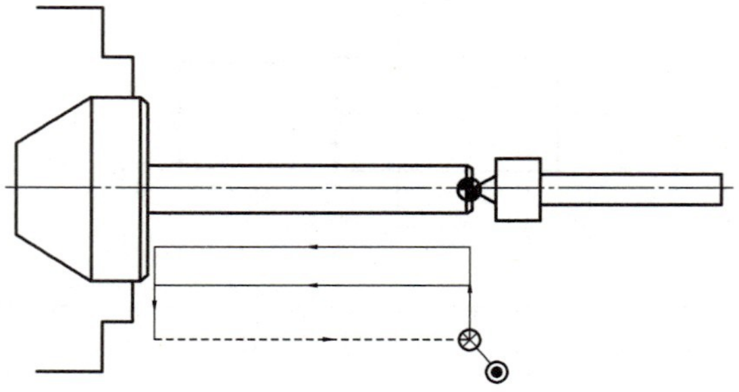

数控加工进给路线图		零件图号		工序号	40	工步号	2	程序号	％3000
机床型号	CAK6136	程序段号		加工内容	精加工零件右边部分			共2页	第2页

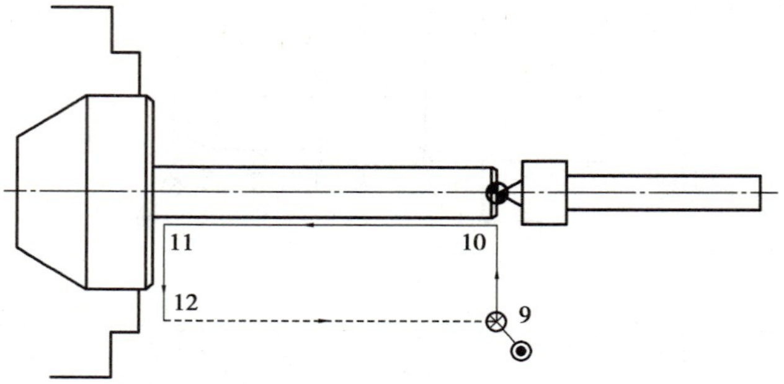

符号	⊗	⊙	⊕	------→	──→	
含义	循环点	换刀点	编程原点	快速走刀	进给走刀	

（四）节点坐标计算

根据表中的精车路线图,计算各点坐标,将计算结果填入表6-7中。

表6-7 节点坐标

序号	节点坐标	序号	节点坐标	序号	节点坐标
1		5		9	
2		6		10	
3		7		11	
4		8		12	

（五）编写加工程序

数控加工程序单是编程人员根据工艺分析情况，经过数值计算，按照数控机床规定的指令代码，根据运行轨迹图的数据处理而进行编写的。请填写表6-8数控加工程序单。

表6-8　数控加工程序单

程序号	程序内容	程序说明

（六）加工操作

具体加工操作见表6-9。

表6-9　加工操作

序号	操作流程	工作内容及说明	备注
1	机床开机	检查机床→开机→低速热机→回机床参考点	
2	工件装夹	用三爪卡盘夹住毛坯一端，使用卡盘扳手和加力杆夹紧工件，工件伸出长度约50 mm	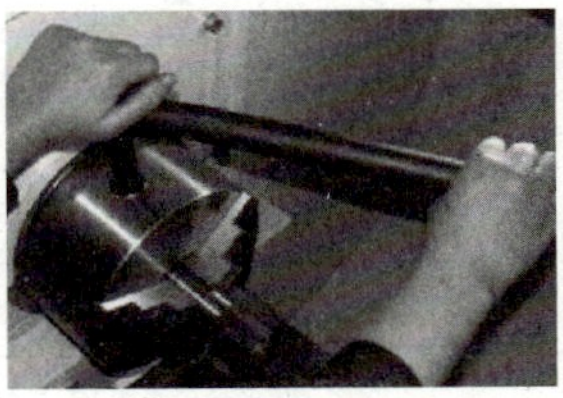

续表

序号	操作流程	工作内容及说明	备注
3	刀具安装	安装外圆车刀。刀具的伸出长度应尽量短,要保证刀尖与工件中心等高。另外切断刀杆要与刀台平齐,避免撞刀	
4	平端面,打中心孔,车夹位	外圆车刀平端面,中心钻打中心孔,车外圆到 $\phi39$ 作为夹位	
5	左端工件加工准备	掉头夹持 $\phi39$ 外圆,建工件坐标系、程序输入、程序校验	
6	左端工件加工	平端面,保证总长,粗加工圆锥和 $\phi38$ 外圆,精加工圆锥和 $\phi38$ 外圆	
7	掉头夹持工件	掉头夹持 $\phi38$ 外圆,一夹一顶装夹工件	
8	右端工件加工准备	建工件坐标系、程序输入、程序校验	
9	右端工件加工	粗加工 $\phi10$ 外圆,精加工 $\phi10$ 外圆和倒角	
10	零件检测	使用千分尺测量外圆直径,游标卡尺测量工件长度值	

六、考核评价

具体评价项目及标准见表6-10。

同轴度的检测

表6-10 任务评分标准及检测报告

序号	检测项目	检测内容	配分/分	检测要求	学生自测		教师测评	
					自测尺寸	评分	检测尺寸	评分
1	外圆	$\phi38^{-0.025}_{-0.05}$	10	超差不得分				
2	外圆	$\phi10^{-0.013}_{-0.035}$	10	超差不得分				
3	锥面	$40°\pm5°$	10	超差不得分				
4	长度	$91^{0}_{-0.1}$	10	超差不得分				
5	粗糙度	$Ra1.6$、$Ra3.2$	5	超差不得分				

序号	检测项目	检测内容	配分/分	检测要求	学生自测		教师测评	
					自测尺寸	评分	检测尺寸	评分
6	同轴度检查	零件加工结构整体完整	3	不符合不得分				
7	去毛刺	是否有毛刺	2	不符合不得分				
8	工件完整性	φ38 外圆	5	未完成不得分				
		φ10 外圆	5	未完成不得分				
		40°锥面	5	未完成不得分				
9	机械加工工艺卡执行情况	是否完全执行工艺卡片	5	不符合不得分				
	刀具选用情况	是否完全执行刀具卡片	5	不符合不得分				
10	现场操作	安全生产	10	违反安全操作规程不得分				
		整理整顿	5	工量刀具摆放不规范不得分				
		清洁清扫	5	机床内外、周边卫生不合格不得分				
		设备保养	5	未正确保养不得分				

七、总结提高

填写表 6-11,分析任务计划和实施过程中的问题及原因并提出解决办法。

表 6-11　任务实施情况分析表

任务实施内容	问题记录	解决办法
加工工艺		
加工程序		
加工操作		

续表

任务实施内容	问题记录	解决办法
加工质量		
安全文明生产		

八、练习实践

自选毛坯,采用一夹一定工艺,完成图6-9长轴零件的加工和检测,填写表6-12。

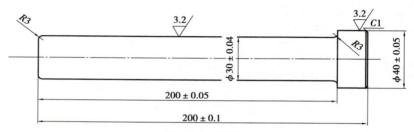

图 6-9　零件图

表 6-12　评分标准及检测报告

序号	检测项目	检测内容	配分/分	检测要求	学生自测		教师测评	
					自测尺寸	评分	检测尺寸	评分
1	长度	220±0.1	15	超差不得分				
		200±0.05	15	超差不得分				
2	外圆	$\phi30±0.04$	10	超差不得分				
		$\phi40±0.05$						
3	表面粗糙度	Ra3.2	5	超差不得分				
4	倒角	C_1	5	不符合不得分				
5	圆角	R3	5					
6	去毛刺	是否有毛刺	5	不符合不得分				
7	工件完整性	$\phi30±0.04$ 外圆	5	未完成不得分				
		$\phi40±0.05$ 外圆	5	未完成不得分				
8	机械加工工艺卡执行情况	是否完全执行工艺卡片	5	加工工艺是否正确、规范				
9	同轴度检测	是否符合要求	5	超差不得分				

续表

序号	检测项目	检测内容	配分/分	检测要求	学生自测		教师测评	
					自测尺寸	评分	检测尺寸	评分
10	刀具选用情况	是否完全执行刀具卡片	5	刀具和切削用量不合理,每项扣1分				
11	现场操作	安全生产	5	违反安全操作规程不得分				
		整理整顿	5	工量刀具摆放不规范不得分				
		清洁清扫	5	机床内外、周边清洁不合格不得分				
		设备保养	5	未正确保养不得分				

任务七　内孔零件的数控车削加工

一、任务描述

在本任务中,我们将完成如图7-1所示的内孔零件加工,内孔的加工通常使用车床完成。然而,由于刀具刚性不足、排屑困难以及观察和测量不便等因素,内孔加工难度比外形加工难度大。在保证加工质量的同时,我们还要树立环保意识和社会责任感,倡导通过优化切削参数、选择合适的冷却液等措施来降低刀具磨损、减少能源消耗和废液排放。达到节能减排、资源高效利用的目的,这既是绿色制造的理念,也是制造业发展的必然趋势。

二、任务目标

(1)知道孔加工的常用方法。
(2)知道内孔车刀的基本知识。
(3)会正确安装内孔车刀并对刀。
(4)会合理选择内孔车削加工的切削用量。
(5)会使用G00,G01,G71指令正确编写内孔零件的加工程序。
(6)会正确操作机床完成内孔零件的加工。
(7)培养机械加工安全文明意识和规程操作的职业素养。
(8)培养团队协作精神和创新意识。

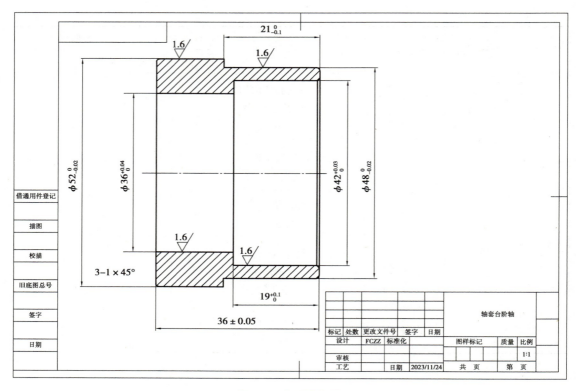

图 7-1　内孔零件图

三、知识链接

（一）常用孔加工刀具

1. 麻花钻

麻花钻主要由工作部分和柄部组成。工作部分又分为切削部分和导向部分，如图 7-2 所示。

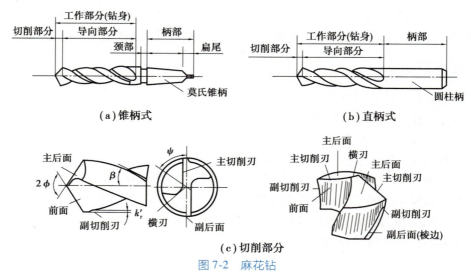

（a）锥柄式　　　　　　　　　　　　（b）直柄式

（c）切削部分

图 7-2　麻花钻

2. 内孔车刀

在车床上使用内孔车刀对工件的孔进行加工的方法称为镗孔,可完成通孔和盲孔(不穿透的孔)的粗、精加工,如图 7-3 所示。镗孔与车外圆相似,只是进刀和退刀方向相反。采用的刀具分别称为通孔镗刀和盲孔镗刀,如图 7-4 所示。

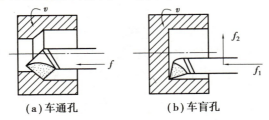

(a) 车通孔　　　　　　　　(b) 车盲孔

图 7-3　通孔和盲孔的车削加工

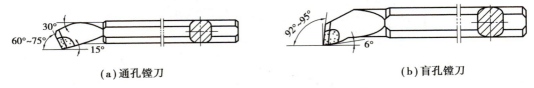

(a) 通孔镗刀　　　　　　　　　　　(b) 盲孔镗刀

图 7-4　镗刀

(二)常用孔加工方法

内孔加工时内表面的加工、切削情况不易观察,不但刀具的结构尺寸受到限制,而且排屑、导向和冷却润滑等问题都较为突出,是数控车削加工中难度较大的基本零件之一。根据孔的工艺要求,加工孔的方法较多。在数控车床上常用的方法有钻孔、扩孔、镗孔等。

1. 钻孔

钻孔如图 7-5 所示。用麻花钻在工件实体部位加工孔称为钻孔。钻孔属粗加工,可达的尺寸公差等级为 IT13 ~ IT11,表面粗糙度值为 $Ra2.5 ~ 6.3 \mu m$。

车床上麻花钻钻孔

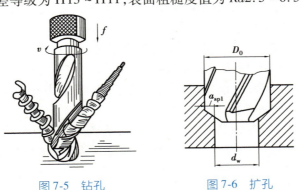

图 7-5　钻孔　　　　　　　图 7-6　扩孔

2. 扩孔

扩孔如图 7-6 所示,用以扩大已加工出的孔(铸出、锻出或钻出的孔),它可以校正孔的轴线偏差,并使其获得正确的几何形状和较小的表面粗糙度,其加工精度一般为 IT9 ~ IT10 级,表面粗糙度 $Ra = 3.2 ~ 6.3 \mu m$。扩孔的加工余量一般为 0.2 ~ 4 mm。扩孔时可用钻头扩孔,但当孔精度要求较高时常用扩孔钻(用挂图或实物)。扩孔钻的形状与麻花钻相似,所不同是:扩孔钻有 3~4 个切削刃,且没有横刃,其顶端是平的,螺旋槽较浅,故钻芯粗实、刚性好,不易变形,导向性好。

3.镗孔

镗孔如图 7-7 所示。镗孔是把已有的孔直径扩大,达到所需的形状和尺寸。镗孔的关键在于:

(1)尽量增加刀杆的截面面积(但不能碰到孔壁)。

(2)刀杆伸出的长度应尽可能地缩短,即应根据孔径、孔深来选择刀杆的大小和长度。

(3)控制切屑流出方向,通孔用前排屑,不通孔用后排屑。

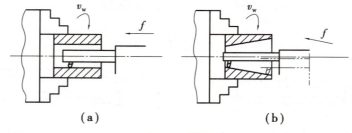

(a)　　　　　　　　(b)

图 7-7　镗孔

(三)内孔车刀的安装

(1)内孔车刀刀尖应与工件中心等高或稍高。

(2)内孔车刀刀柄伸出刀架不宜过长。

(3)内孔车刀刀柄基本平行于工件轴线。

(4)盲孔车刀装夹时,主刀刃应与孔底平成 3°~5°,在车平面时要求横向有足够的退刀余量。

(四)车孔的关键技术

(1)增加内孔车刀的刚性。如采取尽量增加刀杆的截面积、尽可能地缩短刀柄的伸出长度、选用不同的刀杆材料等方法。

(2)控制切屑的排出方向。孔加工时,切屑如果不能顺利排出,则可能划伤已加工表面,严重时切屑会堵塞内孔使刀具损伤。解决排屑问题的办法主要是控制切屑流出方向。精车通孔时可使切屑流向待加工表面(前排屑),应采用正刃倾角的内孔车刀。加工盲孔时,应采用负刃倾角(后排屑),使切屑从孔口排出。

(3)充分加注切削液。切削液具有润滑、冷却、清洗、防锈等作用,孔加工(尤其是加工塑性材料)时应充分加注切削液,以减少工件的热变形,提高零件的表面质量。

(4)孔加工时由于加工空间狭小,刀具刚性不足,因此刀具一般比较锋利,且切削用量比外圆加工时选得小一些。

(五)内孔车刀的对刀操作

1.Z 向对刀

内孔车刀轻微接触到已加工好的基准面(端面)后,就不可再作 Z 向移动。Z 轴对刀输入:"Z0 测量",X 轴退出,如图 7-8 所示。

通孔、盲孔镗
刀装刀和对刀

图7-8 　Z向对刀

2. X向对刀

任意车削一内孔直径后，Z向移动刀具远离工件，停止主轴转动，Z轴退出，然后测量已车削好的内径尺寸。例如，测量值为ϕ40 mm，则X轴对刀输入："X40 测量"，如图7-9所示。

图7-9 　X向对刀

（六）相关编程指令说明

G71——内（外）径粗车复合循环

格式：G71 　U（Δd） R（e） P（ns） Q（nf） X（ΔU） Z（ΔW） F（f） S（s） T（t）

指令说明：

Δd：粗车时X轴的切削量（单位：mm，半径值）。

e：粗车时X轴的退刀量（单位：mm，半径值）。

ns：精车轨迹的第一个程序段的程序段号。

nf：精车轨迹的最后一个程序段的程序段号。

ΔU：X轴的精加工余量，加工外形时为（+），加工内孔时为（-）（单位：mm，直径）。

ΔW：Z轴的精加工余量（单位：mm），有符号。

f：切削进给速度。

s：主轴转速。

t：刀具号、刀具偏置号。

M，S，T，F：可在第一个G71指令或第二个G71指令中，也可在ns～nf程序中指定。在G71循环中，ns～nf间程序段号的M，S，T，F功能都无效，仅在G70精车指令时有效。

注意：

G71既可以加工复制轮廓的外形，也可以用于镗孔，其区别在于参数ΔU的正负值。可复习任务四中的图4-9。

G71用于镗孔的走刀轨迹在图7-10中只绘制了下半部分,C点为循环起点,粗实线代表进刀路线,细线代表退刀路线。

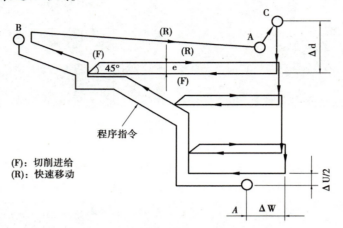

图7-10　G71镗孔的走刀轨迹

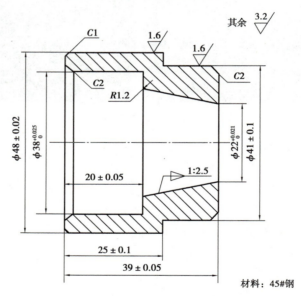

图7-11　G71加工内孔编程实例

【例7-1】　如图7-11所示,用G71指令编程,毛坯外形已加工完成。

O1234 程序名

T0101(选用1号刀)

M03 S500(主轴正转500 r/min)

G00X18 Z5(到循环起点)

G71 U0.5 R0.5 P1 Q2 X0.3 Z0 F100(粗切量:0.5 mm,精切量X0.3、Z0)

N1 G00 X40(精加工内轮廓起始行到倒角延长线)

G01 Z0 F80(到精加工起点)

X38 Z-1（精加工 2×45°倒角）

Z-20（精加工 ϕ38 内孔）

X29.6（到内锥起点）

X22 Z-39（精加工内圆锥）

N2 X20（X 方向退刀）

G00 Z100（回对刀点）

X100（回对刀点）

M30（程序结束并复位）

四、任务准备

（一）零件图工艺分析

该零件表面由内、外圆柱表面组成，表面有尺寸精度和表面粗糙度等要求，零件材料为45#钢，无热处理和硬度要求。因此采用一次装夹，按照先粗后精的原则制订加工工艺卡，见表7-1。

表 7-1　机械加工工艺过程卡

零件名称	阶梯轴	机械加工工艺过程卡		毛坯种类	棒料	共1页
				材料	45#钢	第1页
工序号	工序名称	工序内容			设备	工艺装备
10	备料	备料 ϕ55×60，材料 45#钢				
20	粗车外形	平端面，粗车外圆 $\phi48_{-0.02}^{0}$，$\phi52_{-0.02}^{0}$，并按要求倒角			CAK6136	三爪卡盘
	精车外形	精车外圆 $\phi48_{-0.02}^{0}$，$\phi52_{-0.02}^{0}$，并按要求倒角				
	钻中心孔	手动打 ϕ3 mm 中心孔				
	扩孔	使用麻花钻手动扩孔到 ϕ30 mm				
	粗车内孔	粗车孔 $\phi42_{0}^{+0.03}$ 和孔 $\phi36_{0}^{+0.04}$，并按要求倒角				
	精车内孔	精车孔 $\phi42_{0}^{+0.03}$ 和孔 $\phi36_{0}^{+0.04}$，并按要求倒角				
	切断	切断工件，保证总长				
30	钳	锐边倒钝，去毛刺				
40	清洗	用清洁剂清洗零件				
50	检验	按图样尺寸检测				
编制		日期		审核		日期	

（二）设备、刀具、辅助工量器具

实施本项目所需的设备、刀具、辅助工量器具，见表7-2。

表 7-2　设备、刀具、辅助工量器具表

序号	名称	简图	型号/规格	数量
1	数控车床		CAK6136（机床行程：750 mm；最高转速：3 000 r/min；数控系统：华中 HNC818 型）	1
2	自定心卡盘		200 mm	1
3	游标卡尺		0～200 mm	1
4	千分尺		25～50 mm	1
5	外圆车刀		90°右偏刀	1
6	中心钻		A3.15	1
7	钻头		ϕ30 mm	1
8	内孔车刀		ϕ20 mm	1
9	卡盘扳手			1
10	刀台扳手			1
11	刀杆垫片		0.5,1,2,5,10 mm 等若干	
12	内径千分尺		0～75 mm	

（三）加工工艺路线安排

按照基面先行、先面后孔、先粗后精、先主后次的加工顺序安排原则制订数控车削加工工艺路线,见表7-3。

表7-3　加工工艺路线

序号	工步名称	图示	序号	工步名称	图示
1	车外圆端面		3	钻中心孔及扩孔至 $\phi 30$ mm	
2	粗精车外圆台阶轴		4	用 G71 指令加工内孔	

五、任务实施

（一）识读数控加工工序卡（工序号20）

数控加工工序卡是操作人员用数控加工程序进行数控加工的主要指导性工艺资料。数控加工工序卡要反映工步及对应的切削用量、工序简图、夹紧定位位置等,见表7-4。

表7-4　数控加工工序卡

零件名称	阶梯轴	数控加工工序卡		工序号	20	工序名称	数车
材料	45#钢	毛坯规格/mm	$\phi 55 \times 100$	机床设备	CAK6136	夹具	三爪卡盘

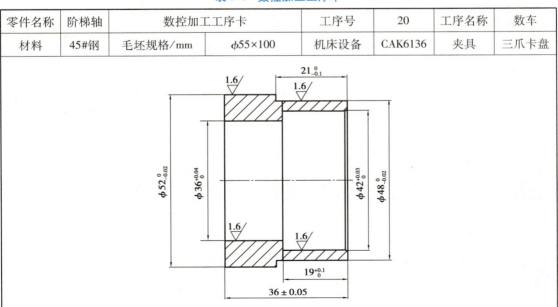

续表

工步号	工步内容	刀具号	刀具名称	主轴转速 $n/(\mathrm{r \cdot min^{-1}})$	进给速度 $f/(\mathrm{mm \cdot min^{-1}})$	背吃刀量 a_p/mm	备注
1	将工件用自定心卡盘夹紧,伸出长度约45 cm						
2	平右端面	T01	90°外圆刀	700	100	0.5	
3	粗车外圆 $\phi48$、$\phi52$,直径方向留0.05 mm加工余量	T01	90°外圆刀	500	150	1.5	
4	精车外圆 $\phi48$、$\phi52$	T01	90°外圆刀	1 000	120	0.5	
5	打中心孔		A3.15				手动
6	扩孔		$\phi30$麻花钻				手动
7	粗车内孔 $\phi36$、$\phi42$			600	150	1.5	
8	精车内孔 $\phi36$、$\phi42$	T02	内孔车刀	1 000	100	0.5	
9	切断			600	60	4	
编制		审核		批准		年　　月　　日　　共　页　　第　页	

(二)识读数控加工刀具卡

数控加工刀具卡是组装数控加工刀具和调整数控加工刀具的依据。数控加工刀具卡上要反映刀具号、刀具结构、刀杆型号、刀片型号及材料等,见表7-5。

表7-5　数控加工刀具卡

零件名称			数控加工刀具卡		设备名称	数控车床
工序名称			工序号	20	设备型号	CAK6136
工步号	刀具号	刀具名称	刀杆规格/mm	刀片材料	刀尖半径/mm	备注
2,3,4	T01	90°外圆车刀	20×20	硬质合金	0.4	
5		中心钻	A3.15			
6		麻花钻	$\phi30$			
7,8	T02	内孔车刀	16	硬质合金	0.4	
9	T03	切断刀	刀宽4	硬质合金		
编制		审核		批准	共　页	第　页

(三)数控加工进给路线图

机床刀具运行轨迹图是编程人员进行数值计算、编制程序、审查程序和修改程序的主要依据。数控加工进给路线图,见表7-6。

表 7-6　数控加工进给路线图

数控加工进给路线图		零件图号		工序号	20	工步号	3	程序号	％1000
机床型号	CAK6136	程序段号		加工内容		粗车外轮廓		共 2 页	第 1 页

数控加工进给路线图		零件图号		工序号	20	工步号	4	程序号	％1000
机床型号	CAK6136	程序段号		加工内容		精车外轮廓		共 2 页	第 1 页

数控加工进给路线图		零件图号		工序号	20	工步号	7	程序号	％2000
机床型号	CAK6136	程序段号		加工内容		粗车内轮廓		共 2 页	第 1 页

续表

数控加工进给路线图	零件图号		工序号	20	工步号	8	程序号	%2000
机床型号	CAK6136	程序段号	加工内容		精车内轮廓		共2页	第2页

符号	⊗	⊙	●	------→	——→	
含义	循环点	换刀点	编程原点	快速走刀	进给走刀	

(四)节点坐标计算

根据表中的精车路线图,计算各点坐标,填写在表7-7中。

表7-7 节点坐标

序号	节点坐标	序号	节点坐标	序号	节点坐标
1		6		11	
2		7		12	
3		8		13	
4		9		14	
5		10			

(五)编写加工程序

数控加工程序单,是编程员根据工艺分析情况,经过数值计算,按照数控机床规定的指令代码,根据运行轨迹图的数据处理而进行编写的。请填写表7-8中的数控加工程序单。

表7-8 数控加工程序单

程序号	程序内容	程序说明

程序号	程序内容	程序说明

(六)加工操作

具体加工操作见表7-9。

表7-9　加工操作

序号	操作流程	工作内容及说明	备注
1	机床开机	检查机床→开机→低速热机→回机床参考点	
2	工件装夹	用三爪卡盘夹住毛坯的一端,使用卡盘扳手和加力杆夹紧工件,注意工件伸出长度不能过长,以超出最长加工长度10 mm左右为宜	
3	刀具安装	安装外圆车刀、内孔车刀、切断刀。刀具的伸出长度尽量短,要保证刀尖与工件中心等高。镗孔刀伸出长度大于内孔深度。切断刀的刀杆要与刀台平齐,避免撞刀	
4	建工件坐标系	试切削法建立工件坐标系。建议采用手轮模式进行试切,避免撞刀	
5	加工外轮廓	平端面、粗车外轮廓、精车外轮廓	
6	加工内轮廓	手动钻中心孔、扩孔。粗车内轮廓、精车内轮廓	
7	手动切断	切断工件。一般以左刀尖为对刀点,切断时刀具的偏移距离是工件总长加刀宽	
8	零件检测	使用千分尺测量外圆直径,游标卡尺测量工件长度值	

六、考核评价

具体评价项目及标准见表7-10。

表 7-10　任务评分标准及检测报告

序号	检测项目	检测内容	配分/分	检测要求	学生自测		教师测评	
					自测尺寸	评分	检测尺寸	评分
1	长度	$21_{-0.1}^{0}$	2	超差不得分				
2	长度	36 ± 0.05	3	超差不得分				
3	外圆	$\phi48_{-0.02}^{0}$	5	超差不得分				
4	外圆	$\phi52_{-0.02}^{0}$	5	超差不得分				
5	内孔	$\phi36_{0}^{+0.04}$	10	超差不得分				
	内孔	$\phi42_{0}^{+0.03}$	10	超差不得分				
6	表面粗糙度	$Ra1.6$	5	超差不得分				
7	倒角	未注倒角	3	不符合不得分				
8	去毛刺	是否有毛刺	2	不符合不得分				
9	工件完整性	$\phi48$ 外圆	5	未完成不得分				
		$\phi52$ 外圆	5	未完成不得分				
		$\phi36$ 内孔	5	未完成不得分				
		$\phi42$ 内孔	5	未完成不得分				
10	机械加工工艺卡执行情况	是否完全执行工艺卡片	5	不符合不得分				
	刀具选用情况	是否完全执行刀具卡片	5	不符合不得分				
11	现场操作	安全生产	10	违反安全操作规程不得分				
		整理整顿	5	工量刀具摆放不规范不得分				
		清洁清扫	5	机床内外、周边清洁不合格不得分				
		设备保养	5	未正确保养不得分				

七、总结提高

填写表 7-11,分析任务计划和实施过程中的问题及原因并提出解决办法。

表 7-11 任务实施情况分析表

任务实施内容	问题记录	解决办法
加工工艺		
加工程序		
加工操作		
加工质量		
安全文明生产		

八、练习实践

自选毛坯,制订计划,完成图 7-12 零件的加工和检测,填写表 7-12。

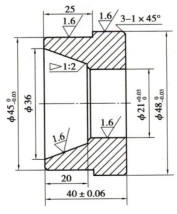

图 7-12 零件图

表 7-12　评分标准及检测报告

序号	检测项目	检测内容	配分/分	检测要求	学生自测		教师测评	
					自测尺寸	评分	检测尺寸	评分
1	长度	25	2	超差不得分				
2	长度	40±0.06	5	超差不得分				
3	长度	20	3	超差不得分				
4	外圆	$\phi 45_{-0.03}^{0}$	5	超差不得分				
5	外圆	$\phi 48_{-0.03}^{0}$	5	超差不得分				
6	内孔	$\phi 21_{0}^{+0.03}$	5	超差不得分				
7	内孔	$\phi 36$	5	超差不得分				
8	锥度	1:2	5	超差不得分				
9	表面粗糙度	$Ra1.6$	5	超差不得分				
10	倒角	未注倒角	3	不符合不得分				
11	去毛刺	是否有毛刺	2	不符合不得分				
12	工件完整性	$\phi 45$ 外圆	5	未完成不得分				
		$\phi 48$ 外圆	5	未完成不得分				
		$\phi 21$ 内孔	5	未完成不得分				
		锥度	5	未完成不得分				
13	机械加工工艺卡执行情况	是否完全执行工艺卡片	5	加工工艺是否正确、规范				
14	刀具选用情况	是否完全执行刀具卡片	5	刀具和切削用量不合理,每项扣1分				
15	现场操作	安全生产	10	违反安全操作规程不得分				
		整理整顿	5	工量刃具摆放不规范不得分				
		清洁清扫	5	机床内外、周边清洁不合格不得分				
		设备保养	5	未正确保养不得分				

任务八　综合类零件的数控车削加工

一、任务描述

在本任务中,我们将完成如图8-1所示的综合任务的加工,这不仅是对数控车加工工艺知识、编程能力、操作能力的一次全面检验。在追求技术精湛的过程中,我们难免会遇到各种挑战和困难。面对难题时,耐心是最为宝贵的品质,不畏挫折,持续探索,并且勇于从每次尝试中汲取经验,不仅是学好数控技术的必经之路,也是在用实际行动诠释"工匠精神"。

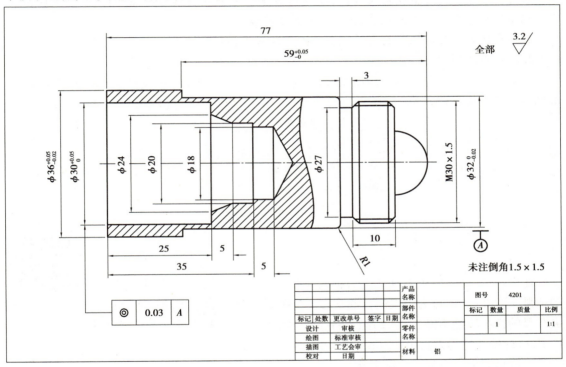

图8-1　综合零件图

二、任务目标

(1)会识读数控车削加工工艺卡。
(2)会使用刀具补偿功能控制加工精度。
(3)会正确选用指令,编写复杂综合类零件的加工程序。
(4)会正确操作机床设备,独立完成零件加工。
(5)培养机械加工安全文明意识和规程操作的职业素养。
(6)培养团队协作精神和创新意识。

三、知识链接

（一）刀具的补偿功能

1. 刀具补偿功能的定义

在数控编程过程中，一般不需要考虑刀具的长度和刀尖圆弧半径，只需要考虑刀位点与编程轨迹的重合即可。但在实际加工过程中，由于刀尖圆弧半径与刀具长度各不相同，在加工中会产生很大的加工误差。因此，实际加工时必须通过刀具补偿指令，使数控机床根据实际使用的刀具尺寸，自动调整各坐标轴的移动量，确保实际加工轮廓和编程轨迹完全一致。

数控机床根据刀具的实际尺寸，自动改变机床坐标轴或刀具刀位点的位置，使实际加工轮廓和编程轨迹完全一致的功能，称为刀具补偿功能。

数控车床的刀具补偿分为刀具偏置和刀尖圆弧半径补偿两种。

2. 刀位点的概念

所谓刀位点是指编制程序和加工时，用于表示刀具特征的点，也是对刀和加工的基准点。常见车刀的刀位点如图8-2所示。

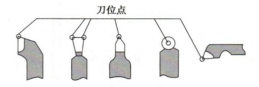

图 8-2　常见车刀的刀位点

（二）刀尖圆弧半径补偿（G40,G41,G42）

刀尖圆弧补偿
的原理

1. 刀尖圆弧半径补偿的定义

在实际加工中，由于刀具产生磨损及精加工时常将车刀刀尖磨成半径不大的圆弧，这时的刀位点为刀尖圆弧的圆心。为确保工件轮廓形状，加工时刀具刀尖圆弧的圆心轨迹不能与被加工工件轮廓重合，而应与工件轮廓偏移一个半径值 R，这种偏移称为刀具半径补偿。

2. 假想刀尖与刀尖的实际形状

在理想状态下，我们总是将尖形车刀的刀位点假想成一个点，该点即为假想刀尖（图8-3 中的 A 点），在对刀时也是以假想刀尖进行对刀。但实际加工中的车刀，由于工艺或其他要求，刀尖往往不是一个理想的点，而是一段圆弧（图8-3 中的 BC 圆弧）。

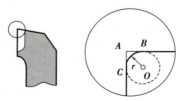

图 8-3　刀尖的形状

3. 刀尖圆弧对加工精度的影响

用刀尖圆弧的外圆车刀切削加工时，圆弧刃车刀的对刀点分别为 B 点和 C 点，所形成的假想刀位点为 A 点,但在实际加工过程中,刀具切削点在刀尖圆弧上变动,从而在加工过程中可能产生过切或欠切现象,如图 8-4 所示。因此,采用圆弧刃车刀在不使用刀尖圆弧半径补偿功能的情况下,加工工件会出现以下几种误差情况。

①加工台阶面或端面时,对加工表面的尺寸和形状影响不大,但在端面的中心和台阶的根部会产生残留误差,如图 8-4(a)所示。

②加工圆锥面时,对圆锥的锥度不会产生影响,但对锥面的大小端尺寸会产生较大的影响,通常情况下,会使外锥面的尺寸变大,如图 8-4(b)所示,而使内锥面的尺寸变小。

③加工圆弧时,会对圆弧的圆度和圆弧半径产生影响。加工外凸圆弧时,会使加工后的圆弧半径变小,如图 8-4(c)所示,加工内凹圆弧时,会使加工后的圆弧半径变大,如图 8-4(d)所示。

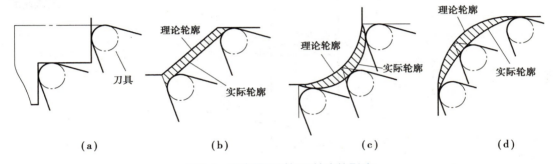

图 8-4 刀尖圆弧对加工精度的影响

(三)刀尖圆弧半径的补偿指令

1. 指令格式

刀补左补偿建立指令:G41 G01/G00 X(U)__ Z(W)__ F __;

刀补右补偿建立指令:G42 G01/G00 X(U)__ Z(W)__ F __;

刀补取消指令:G40 G01/G00 X(U)__ Z(W)__;

2. 左、右补偿的判断

编程时刀尖圆弧半径补偿偏置方向的判别如图 8-5 所示。面向 Y 轴的负方向,并沿刀具的移动方向观察,当刀具处在加工轮廓左侧时,称为刀尖圆弧半径左补偿,用 G41 表示;当刀具处在加工轮廓右侧时,称为刀尖圆弧半径右补偿,用 G42 表示。

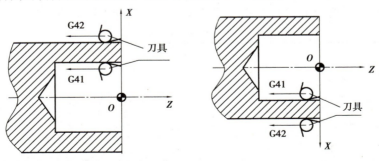

(a)后置刀架,Y轴正方向向外   (b)前置刀架,Y轴正方向向内

图 8-5 刀具半径补偿方向的规定

提示:在判别刀尖圆弧半径补偿偏置方向时,必须要沿正 Y 向、负 Y 方向观察刀具所处的位置,所以应特别注意前置刀架和后置刀架对刀补偏置方向的区别。对于前置刀架,为了防止判别过程中出错,可在图样上将工件、刀具及 X 轴同时绕 Z 轴旋转180°后,再进行偏置方向的判别,此时正 Y 轴向外,刀补偏置方向则与后置刀架的判别方向相同。

(四)刀尖圆弧半径的补偿过程

刀尖圆弧半径的补偿过程分为三个步骤,即刀补的建立、刀补的进行和刀补的取消,如图8-6所示。

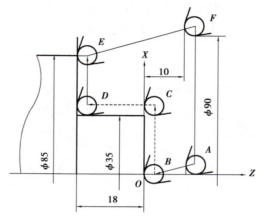

刀尖圆弧补偿的建立、使用、撤销

图8-6　半径补偿的建立和取消的过程

1.刀补的建立

刀补的建立是指刀具从起点接近工件时,车刀圆弧刃的圆心从与编程轨迹重合过渡到与编程轨迹偏离一个偏置量的过程。需要注意的是,该过程的实现必须与 G00 或 G01 的功能在一起才有效。

2.刀补进行

在 G41 或 G42 程序段后,程序进入补偿模式,此时车刀圆弧刃的圆心与编程轨迹始终相距一个偏置量,直到刀补取消。

3.刀补取消

刀具离开工件,车刀圆弧刃的圆心轨迹过渡到与编程轨迹重合的过程,其补偿过程通过图8-6(设外圆车刀的刀沿号为 3 号)和表8-1加工程序 O1010 共同说明。

表8-1　加工程序

O1010;	程序名
N10 G99 G40 G21;	程序初始化
N20 T0101;	调用 1 号刀具 1 号刀补
N30 M03 S1000;	主轴按 1 000 r/min 正转
N40 G00 X0.0 Z10.0;	快速点定位
N50 G42 G01 X0.0 Z0.0 F0.3;	刀补建立

续表

N60 X35.0;	
N70 Z-18.0;	刀补进行
N80 X85.0;	
N90 G40 G00 X90.0 Z10.0;	取消刀补
N100 G28 U 0 W 0;	直接返回参考点
N110 M30;	程序结束并复位

（五）刀具半径补偿的注意事项

①刀具半径补偿模式的建立与取消程序段只能在 G00 或 G01 移动指令模式下才有效。虽然现在有部分系统也支持 G02、G03 模式，但是为了防止出现差错，在半径补偿建立与取消程序段最好不使用 G02、G03 指令。

②G41/G42 不带参数，其补偿号（代表所用刀具对应的刀尖半径补偿值）由 T 指令指定。该刀尖圆弧半径补偿号与刀具偏置补偿号对应。

③采用切线切入方式或法线切入方式建立或取消刀补。对于不便于沿工件轮廓线方向切向或法向切入、切出时，可根据情况增加一个过渡圆弧的辅助程序段。

④为了防止在刀具半径补偿建立与取消过程中刀具产生过切现象，在建立与取消补偿时，程序段的起始位置与终点位置最好与补偿方向在同一侧。

⑤在刀具补偿模式下，一般不允许存在连续两段以上的补偿平面内非移动指令，否则刀具也会出现过切等危险动作。补偿平面非移动指令通常是指：仅有 G，M，S，F，T 指令的程序段（如 G90、M05）及程序暂停程序段（G04 X10.0;）。

⑥在选择刀尖圆弧偏置方向和刀沿位置时，要特别注意前置刀架和后置刀架的区别。

四、任务准备

（一）零件图工艺分析

该零件表面由圆柱表面组成，表面有尺寸精度和表面粗糙度等要求，零件材料为 45#钢，棒料尺寸为 ϕ40×80，无热处理和硬度要求。因此，采用一次装夹，按照先粗后精的原则制订加工工艺过程卡，见表 8-2。

表 8-2　机械加工工艺过程卡

零件名称	阶梯轴	机械加工工艺过程卡		毛坯种类	棒料	共 1 页
				材料	铝	第 1 页
工序号	工序名称	工序内容			设备	工艺装备
10	备料	备料 φ40×80,材料 45#钢				
20	平右端面,粗加工右侧外形	车右端面,粗车 SR6、M30×1.5 外圆、φ32 外圆、R1 圆角			CAK6136	三爪卡盘
	精加工右侧外形	精车 SR6、M30×1.5 外圆、φ32 外圆、R1 圆角				
	切槽	切 3 mm 宽退刀槽				
	车螺纹	车 M30×1.5 螺纹				
30	掉头,粗车左边外形	掉头装夹工件,车端面应保证总长。粗车 φ36 外圆				
	精车左边外形	精车 φ36 外圆				
	钻孔	钻 φ18 底孔,孔深 40 mm				
40	粗车内孔	粗车 φ30、φ18 内孔和内锥				
	精车内孔	精车 φ30、φ18 内孔和内锥				
50	清洗	用清洁剂清洗零件				
60	检验	按图样尺寸检测				
编制		日期		审核	日期	

(二)设备、刀具、辅助工量器具

实施本项目所需的设备、刀具、辅助工量器具,见表 8-3。

表 8-3　设备、刀具、辅助工量器具表

序号	名称	简图	型号/规格	数量
1	数控车床		CAK6136(机床行程:750 mm;最高转速:3 000 r/min;数控系统:华中 HNC818 型)	1
2	自定心卡盘		200 mm	1

续表

序号	名称	简图	型号/规格	数量
3	游标卡尺		0～200 mm	1
4	千分尺		25～50 mm	1
5	内径千分尺		16～20 mm 25～30 mm	各1
6	外圆车刀		90°右偏刀	1
7	内孔车刀		WNMG080408-EM EF MATNMG1604-BM 桃形专用车刀片	1
8	卡盘扳手			1
9	刀台扳手			1
10	刀杆垫片		0.5,1,2,5,10 mm 等若干	

（三）加工工艺路线安排

按照基面先行、先面后孔、先粗后精、先主后次的加工顺序安排原则,制订数控车削加工工艺路线,见表8-4。

表8-4　加工工艺路线

序号	工步名称	图示	序号	工步名称	图示
1	车右边外形		3	粗精车内孔	
2	掉头车左边外形及钻孔				

五、任务实施

(一)识读数控加工工序卡(工序号20)

数控加工工序卡是操作人员用数控加工程序进行数控加工的主要指导性工艺资料。数控加工工序卡要反映工步及对应的切削用量、工序简图、夹紧定位位置等,见表8-5。

表8-5　数控加工工序卡

零件名称	阶梯轴	数控加工工序卡		工序号	20	工序名称	数车
材料	45#钢	毛坯规格/mm	φ40×80	机床设备	CAK6136	夹具	三爪卡盘

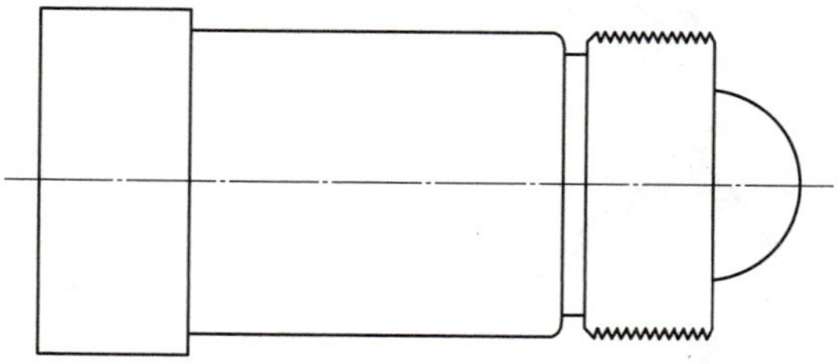

工步号	工步内容	刀具号	刀具名称	主轴转速 $n/(\mathrm{r \cdot min^{-1}})$	进给速度 $f/(\mathrm{mm \cdot min^{-1}})$	背吃刀量 a_p/mm	备注
1	平右端面,粗加工右侧外形	T01	90°外圆刀	800	120	4	
2	精加工右侧外形	T01	90°外圆刀	1 200	120	1	
3	切槽	T02	3 mm宽切槽刀	400	50		
4	车螺纹	T03	60°外螺纹刀	400	200		
编制		审核		批准		年　月　日　共　页　第　页	

续表

零件名称	阶梯轴	数控加工工序卡		工序号	30	工序名称	数车
材料	45#钢	毛坯规格/mm	φ40×80	机床设备	CAK6136	夹具	三爪卡盘

工步号	工步内容	刀具号	刀具名称	主轴转速 $n/(r \cdot min^{-1})$	进给速度 $f/(mm \cdot min^{-1})$	背吃刀量 a_p/mm	备注
1	掉头,粗车左边外形	T01	90°外圆刀	800	120	4	
2	精车左边外形	T01	90°外圆刀	800	100	1	
3	钻孔		中心钻 A3.15	1 200			
编制		审核		批准		年　月　日　共　页　　第　页	

零件名称	阶梯轴	数控加工工序卡		工序号	40	工序名称	数车
材料	45#钢	毛坯规格/mm	φ40×80	机床设备	CAK6136	夹具	三爪卡盘

工步号	工步内容	刀具号	刀具名称	主轴转速 $n/(r \cdot min^{-1})$	进给速度 $f/(mm \cdot min^{-1})$	背吃刀量 a_p/mm	备注
1	粗车内孔	T04	内孔车刀	800	120	2	
2	精车内孔	T04	内孔车刀	1 200	80	1	
编制		审核		批准		年　月　日　共　页　　第　页	

（二）识读数控加工刀具卡

数控加工刀具卡是组装数控加工刀具和调整数控加工刀具的依据。数控加工刀具卡上要反映刀具号、刀具结构、刀杆型号、刀片型号及材料等,见表8-6。

表8-6　数控加工刀具卡

零件名称	传动轴		数控加工刀具卡		设备名称	数控车床
工序名称	数车		工序号	20	设备型号	CAK6136
工步号	刀具号	刀具名称	刀杆规格/mm	刀片材料	刀尖半径/mm	备注
1	T01	90°外圆车刀	20×20	硬质合金	0.8	
2	T01	90°外圆车刀	20×20	硬质合金	0.8	
3	T02	3 mm 宽切槽刀	C12MSCLCR06	硬质合金	0.6	
4	T03	60°外螺纹刀		硬质合金	0.6	
编制		审核		批准		共　页	第　页

零件名称	传动轴		数控加工刀具卡		设备名称	数控车床
工序名称	数车		工序号	30	设备型号	CAK6136
工步号	刀具号	刀具名称	刀杆规格/mm	刀片材料	刀尖半径/mm	备注
1	T01	90°外圆车刀	20×20	硬质合金	0.8	
2	T01	90°外圆车刀	20×20	硬质合金	0.8	
3		ϕ18 钻头	C12MSCLCR06	硬质合金	0.6	
编制		审核		批准		共　页	第　页

零件名称	传动轴		数控加工刀具卡		设备名称	数控车床
工序名称	数车		工序号	40	设备型号	CAK6136
工步号	刀具号	刀具名称	刀杆规格/mm	刀片材料	刀尖半径/mm	备注
1	T04	内孔车刀	SCLCR-L06	硬质合金	0.8	
2	T04	内孔车刀	SCLCR-L06	硬质合金	0.6	
编制		审核		批准		共　页	第　页

(三)数控加工进给路线图

机床刀具运行轨迹图是编程人员进行数值计算、编制程序、审查程序和修改程序的主要依据。数控加工进给路线图见表8-7。

表8-7　数控加工进给路线图

数控加工进给路线图		零件图号		工序号	20	工步号	1,2,3,4	程序号	%1000
机床型号	CAK6136	程序段号		加工内容		粗精车右端外形		共 2 页	第 1 页

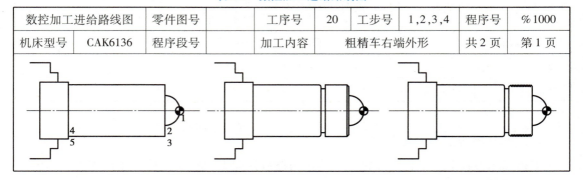

续表

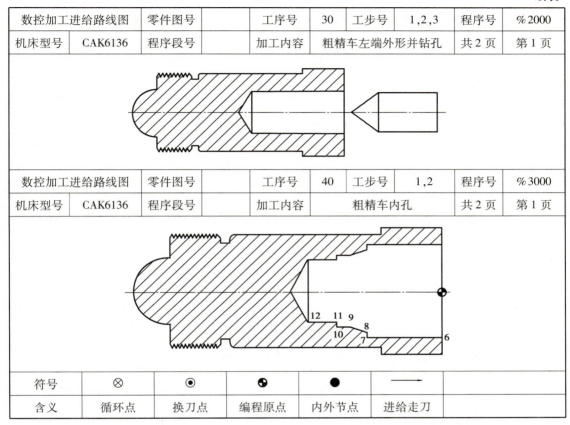

数控加工进给路线图		零件图号		工序号	30	工步号	1,2,3	程序号	%2000
机床型号	CAK6136	程序段号		加工内容		粗精车左端外形并钻孔		共2页	第1页

数控加工进给路线图		零件图号		工序号	40	工步号	1,2	程序号	%3000
机床型号	CAK6136	程序段号		加工内容		粗精车内孔		共2页	第1页

符号	⊗	⊙	⊕	●	→	
含义	循环点	换刀点	编程原点	内外节点	进给走刀	

(四)节点坐标计算

根据表中的精车路线图,计算各点坐标,填写在表8-8中。

表8-8 节点坐标

序号	节点坐标	序号	节点坐标	序号	节点坐标
1		5		9	
2		6		10	
3		7		11	
4		8		12	

(五)编写加工程序

数控加工程序单是编程员根据工艺分析情况,经过数值计算,按照数控机床规定的指令代码,根据运行轨迹图的数据处理而进行编写的。请填写表8-9的数控加工程序单。

表8-9　数控加工程序单

程序号	程序内容	程序说明

(六) 加工操作

具体加工操作见表8-10。

表8-10　加工操作

序号	操作流程	工作内容及说明	备注
1	机床开机	检查机床→开机→低速热机→回机床参考点	
2	工件装夹	用三爪卡盘夹住毛坯一端,伸出62 mm,使用卡盘扳手和加力杆夹紧工件	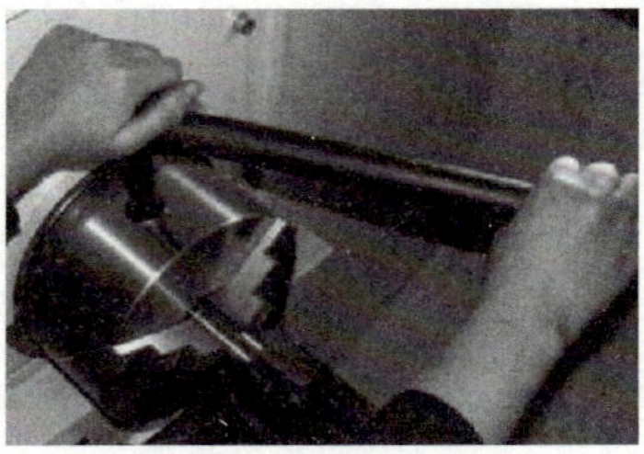

序号	操作流程	工作内容及说明	备注
3	刀具安装	安装外圆车刀、切断刀、内孔刀、螺纹刀。刀具的伸出长度应尽量短,要保证刀尖与工件中心等高。另外,切断刀刀杆要与刀台平齐,避免撞刀件	
4	右端工件加工准备	建工件坐标系、程序输入、程序校验	
5	右端工件加工	平右端面,粗、精车 $SR6$、M30×1.5 外圆、$\phi32$ 外圆、$R1$ 圆角,切 3 mm 宽退刀槽,车 M30×1.5 螺纹	
6	掉头夹持工件	掉头夹持 $\phi32$ 外圆	
7	左端工件加工准备	建工件坐标系、程序输入、程序校验	
8	左端工件加工	掉头装夹工件,车端面保证总长。粗、精车 $\phi36$ 外圆,钻 $\phi18$ 底孔,粗、精车 $\phi30$、$\phi18$ 内孔和内锥	
9	零件检测	使用外径千分尺、内径千分尺测量内外圆直径,游标卡尺测量工件长度值	

六、考核评价

具体评价项目及标准见表 8-11。

表 8-11 任务评分标准及检测报告

序号	检测项目	检测内容	配分/分	检测要求	学生自测		教师测评	
					自测尺寸	评分	检测尺寸	评分
1	长度	77	2	超差不得分				
		$59^{+0.05}_{0}$	5	超差不得分				
		10	3	不符合不得分				

续表

序号	检测项目	检测内容	配分/分	检测要求	学生自测		教师测评	
					自测尺寸	评分	检测尺寸	评分
2	外轮廓	$\phi36^{+0.05}_{-0.02}$	5	超差不得分				
		$\phi32^{0}_{-0.02}$	5	超差不得分				
		R8	5	不符合不得分				
		R1 及倒角	5	不符合不得分				
3	槽		3	不符合不得分				
4	螺纹	M30×1.5	5	不符合不得分				
5	内径	$\phi30^{+0.05}_{0}$	5	超差不得分				
		$\phi24$	5	不符合不得分				
		$\phi20$	5	不符合不得分				
6	内深度	25	5	不符合不得分				
		30	5	不符合不得分				
		35	5	不符合不得分				
7	同轴度	0.03	2	不符合不得分				
8	倒角	未注倒角	3	不符合不得分				
9	去毛刺	是否有毛刺	2	不符合不得分				
10	工件完整性	$\phi34^{0}_{-0.02}$ 外圆	5	未完成不得分				
		$\phi26^{0.05}_{0}$ 外圆	5	未完成不得分				
11	机械加工工艺卡执行情况	是否完全执行工艺卡片	3	不符合不得分				
	刀具选用情况	是否完全执行刀具卡片	2	不符合不得分				
12	现场操作	安全生产	2	违反安全操作规程不得分				
		整理整顿	3	工量刃具摆放不规范不得分				
		清洁清扫	3	机床内外、周边清洁不合格不得分				
		设备保养	2	未正确保养不得分				

七、总结提高

填写表 8-12,分析任务计划和实施过程中的问题及原因并提出解决办法。

表 8-12　任务实施情况分析表

任务实施内容	问题记录	解决办法
加工工艺		
加工程序		
加工操作		
加工质量		
安全文明生产		

八、练习实践

自选毛坯,制订计划,完成图 8-7 零件的加工和检测,并填写表 8-13。

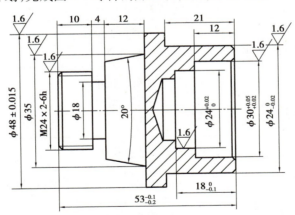

图 8-7　零件图

表 8-13　评分标准及检测报告

序号	检测项目	检测内容	配分/分	检测要求	学生自测		教师测评	
					自测尺寸	评分	检测尺寸	评分
1	外圆	$\phi 48 \pm 0.015$	5	超差不得分				
2	内孔	$\phi 30^{+0.05}_{+0.02}$	5	超差不得分				

续表

序号	检测项目	检测内容	配分/分	检测要求	学生自测		教师测评	
					自测尺寸	评分	检测尺寸	评分
3	内孔	$\phi24_{0}^{+0.02}$	10	超差不得分				
4	外圆	$\phi40_{-0.02}^{0}$	5	超差不得分				
5	内圆长度	12	2	超差不得分				
6	内圆长度	$18_{-0.1}^{0}$	3	超差不得分				
7	外圆长度	21	5	超差不得分				
8	总长度	$53_{-0.2}^{-0.1}$	5	超差不得分				
9	锥度大端	$\phi35$	5	超差不得分				
10	锥度度数	20°	5	超差不得分				
11	外螺纹	M24×2-6h	10	超差不得分				
12	退刀槽	$\phi18$	5	超差不得分				
13	外螺纹长度	10	5	超差不得分				
14	退刀槽长	4	3	超差不得分				
15	锥度长	12	2	超差不得分				
16	表面粗糙度	$Ra1.6$	5	超差不得分				
17	倒角	1×45°	2	不符合不得分				
18	去毛刺	是否有毛刺	3	不符合不得分				
19	机械加工工艺卡执行情况	是否完全执行工艺卡片	3	加工工艺是否正确、规范				
20	刀具选用情况	是否完全执行刀具卡片	2	刀具和切削用量不合理,每项扣1分				
21	现场操作	安全生产	3	违反安全操作规程不得分				
		整理整顿	2	工量刃具摆放不规范不得分				
		清洁清扫	3	机床内外、周边清洁不合格不得分				
		设备保养	2	未正确保养不得分				

项目二

数控铣削加工技能训练

任务九　华中系统数控铣床基本操作

一、任务描述

数控铣削技术是一种多轴加工技术,它在航空航天、汽车制造、模具生产、电子设备制造等行业中扮演着至关重要的角色,不仅能够加工平面、曲面、沟槽等多种几何形件,还能完成孔加工、镗孔、攻丝等多种工艺,极大地提升了生产效率和加工精度,成为推动现代制造业发展的重要力量。在本任务中,我们将以国产数控系统——华中数控 8 系列为例,学习数控铣床的基本操作。

二、任务目标

(1)会操作华中 HNC-808Di-M 系统机床、数控装置的上电、关机。
(2)能熟练掌握 MDI 键盘功能并操作。
(3)会操作机床操作面板。
(4)会程序管理。

三、知识链接

(一)华中数控铣床开关机的介绍

华中 HNC-808Di-M 系统机床、数控装置的上电、关机。

华数8系列铣床
MDI面板和操
作面板介绍

（1）上电操作见表9-1。

表9-1 上电操作

操作名称	上电		工作方式	急停
基本要求	（1）检查机床状态是否正常；（2）检查电源电压是否符合要求；（3）接线是否正确、牢固			
序号	操作步骤	按键	说明	
1	拍下【急停】		• 安全保护	
2	打开【机床空开】		• 机床上电	
3	按下【系统电源开】		• 系统上电	
4	松开【急停】		• 右旋松开【急停】键 • 系统复位	

注意事项：上电完，检查面板上的指示灯正常后，再松开急停键。

（2）关机操作见表9-2。

表9-2 关机操作

操作名称	关机		工作方式	急停
基本要求	（1）停止机床运行；（2）关闭辅助功能			
序号	操作步骤	按键	说明	
1	拍下【急停】		• 安全保护	
2	按下【系统电源关】		• 系统断电	
3	关掉机床【空开】		• 机床断电	

注意事项：如果关机后重新开机，必须保持关机20 s以上。

(二)系统主机面板区域划分

1. 主机面板

华中 HNC-808Di-M 系统的面板采用 10.4 寸彩色液晶显示器(分辨率为 800×600 像素),如图 9-1 所示。

图 9-1　主机面板区域

1—LOGO;2—USB 接口 ;3—字母键盘区;4—数字及字符按键区;5—光标按键区;
6—功能按键区;7—软键区;8—屏幕显示界面区

2. MDI 面板介绍

MDI 面板包含字母键盘区、数字及字符按键区、光标按键区,如图 9-2 所示。

实现命令输入及编辑。其大部分键具有上档键功能,同时按下"上档"键和字母/数字键,输入的是上档键的字母/数字。

图 9-2　MDI 面板

3. MDI 键盘按键定义（表 9-3）

表 9-3 MDI 键盘按键定义

按键	名称/符号	功能说明
	字符键（字母、数字、符号）/【"字母"】（如【Y】）	输入字母、数字和符号。每个键有上、下两档,当按下"上档键"的同时,再按下"字符键",输入上面的字符,否则输入下面的字符
	光标移动键/【光标】	控制光标左右、上下移动
	程序名符号键/【%】	其下档键为主、子程序的程序名符号

续表

按键	名称/符号	功能说明
BS 退格	退格键/【退格】	向前删除字符等
Delete 删除	删除键/【删除】	删除当前程序、向后删除字符等
Reset 复位	复位键/【复位】	CNC 复位,进给、输入停止等
Alt 替换	替换键/【Alt】	当使用【Alt】+【光标】时,可切换屏幕界面右上角的显示框(位置、补偿、电流等)内容;当使用【Alt】+【P】时,可实现截图操作
Upper 上档	上档键/【上档】	使用双地址按键时,切换上、下档按键功能。同时按下上档键和双地址键时,上档键有效
Space 空格	空格键/【空格】	向后空一格操作
Enter 确认	确认键/【Enter】	输入打开及确认输入
PgUp 上页　PgDn 下页	翻页键/【翻页】	同一显示界面时,上下页面的切换

续表

按键	名称/符号	功能说明
	功能按键/【加工】【设置】【程序】【诊断】【维护】【自定义】	加工:选择自动加工操作所需的功能集,以及对应界面 设置:选择刀具设置相关的操作功能集,以及对应界面 程序:选择用户程序管理功能集,以及对应界面 诊断:选择故障诊断、性能调试、智能化功能集,以及对应界面 维护:选择硬件设置、参数设置、系统升级、基本信息、数据管理等维护相关功能,以及对应界面 自定义＊(MDI):选择手动数据输入操作的相关功能,以及对应界面
	软键/【↑】【→】【"功能"】	HNC-808Di-M 显示屏幕下方的 10 个无标识按键即为软键。在不同功能集或层级时,其功能对应为屏幕上方显示的功能。软键的主要功能如下: ①在当前功能集中进行子界面切换; ②在当前功能集中,实现对应的操作输入,如编辑、修改、数据输入等。 10 个软键中,最左端按键为返回上级菜单键,箭头为蓝色时有效,功能集一级菜单时箭头为灰色。 10 个软键中,最右端按键为继续菜单键,箭头为蓝色时有效。当按下该键时,在同一级菜单中,界面循环切换(本系统同一级菜单最多为 2 页)

4. 功能按键功能

HNC-808Di-M 系统有"加工""设置""程序""诊断""维护""自定义" 6 个功能按键,各功能按键可选择对应的功能集,以及对应的显示界面,如图9-3 所示。

功能按键区 →

图 9-3　功能按键

5. 软键功能

HNC-808Di-M 系统屏幕下方有 10 个软键,该类键上无固定标志。其中,左右两端为返回上级或继续下级菜单键,其余为功能软键。各软键功能对应为其上方屏幕的显示菜单,随着菜单变化,其功能也不相同,如图9-4所示。

软键区 ←

图9-4　软键功能

(三)机床操作面板介绍

1.机床操作面板介绍(图9-5)

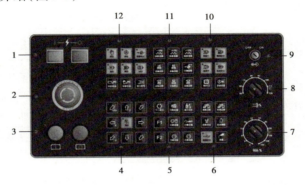

图9-5　机床操作面板

1—电源通断开关;2—急停按键;3—循环启动/进给保持;

4—进给轴移动控制按键区;5—机床控制按键区;6—机床控制扩展按键区;

7—进给速度修调波段开关;8—主轴倍率波段开关;9—编辑锁开/关;

10—运行控制按键区;11—快移倍率控制按键区;12—工作方式选择按键区

2.机床操作面板按键定义(表9-4)

表9-4　机床操作面板按键定义

按键	名称/符号	功能说明	有效时工作方式
手轮	手轮 工作方式键/【手轮】	选择手轮工作方式	手轮
回参考点	回零 工作方式键/【回零】	选择回零工作方式	回零
增量	增量 工作方式键/【增量】	选择增量工作方式	增量
手动	手动 工作方式键/【手动】	选择手动工作方式	手动
MDI	MDI 工作方式键/【MDI】	选择 MDI 工作方式	MDI

续表

按键	名称/符号	功能说明	有效时工作方式
自动	自动 工作方式键/【自动】	选择自动工作方式	自动
单段	单段 开关键/【单段】	①逐段运行或连续运行程序的切换 ②单段有效时,指示灯亮	自动、MDI (含单段)
手轮模拟	手轮模拟 开关键/【手轮模拟】	①手轮模拟功能是否开启的切换 ②该功能开启时,可通过手轮控制刀具按程序轨迹运行。正向摇手轮时,继续运行后面的程序;反向摇手轮时,反向回退已运行的程序	自动、MDI (含单段)
程序跳段	程序跳段 开关键/【程序跳段】	程序段首标有"/"符号时,该程序段是否有跳过的切换	自动、MDI (含单段)
选择停	选择停 开关键/【选择停】	①程序运行到"M00"指令时,是否停止的切换; ②若程序运行前已按下该键(指示灯亮),当程序运行到"M00"指令时,则进给保持,再按循环启动键才可继续运行后面的程序;若没有按下该键,则连贯运行该程序	自动、MDI (含单段)
超程解除	超程解除键/【超程解除】	①取消机床限位 ②按住该键可解除报警,并可运行机床	手轮、手动、增量
●	循环启动键/【循环启动】	程序、MDI 指令运行启动	自动、MDI (含单段)
●	进给保持键/【进给保持】	程序、MDI 指令运行暂停	自动、MDI (含单段)

续表

按键	名称/符号	功能说明	有效时工作方式
	快移速度修调键/【快移修调】	快移速度的修调	手轮、增量、手动、回零、自动、MDI（含单段、手轮模拟）
	主轴倍率键/【主轴倍率】	主轴速度的修调	
	主轴控制键/【主轴正/反转】	主轴正转、反转、停止运行控制	手轮、增量、手动
	手动控制轴进给键/【轴进给】	①手动或增量工作方式下，控制各轴的移动及方向；②手轮工作方式时，选择手轮控制轴；③手动工作方式下，分别按下各轴时，该轴按工进速度运行，当同时还按下"快移"键时，该轴按快移速度运行	手轮、增量、手动
	机床控制按键/【机床控制】	手动控制机床的各种辅助动作	下一把刀、刀具松紧、换刀允许、冷却手动、刀库调试、刀臂正转、刀库正转、刀库反转 → 手动
			机床照明、润滑、后排冲水、加工吹气 → 手轮、增量、手动、回零、自动、MDI（含单段、手轮模拟）
			手摇试切、防护门 → 自动
F1　F2	机床控制扩展按键/【机床控制】	手动控制机床的各种辅助动作	机床厂家根据需要设定

续表

按键	名称/符号	功能说明	有效时工作方式
	程序保护开关/【程序保护】	保护程序不被随意修改	手轮、增量、手动、回零、自动、MDI（含单段、手轮模拟）
	急停键/【急停】	紧急情况下,使系统和机床立即进入停止状态,所有输出全部关闭	
	主轴倍率键/【主轴倍率】	主轴速度的修调	手轮、增量、手动、自动、MDI（含单段、手轮模拟）
	进给倍率旋钮/【进给倍率】	进给速度的修调	手动、自动、MDI、回零
（绿色）系统电源开/【电源开】		控制数控装置上电	手轮、增量、手动、回零、自动、MDI（含单段、手轮模拟）
（红色）系统电源关/【电源关】		控制数控装置断电	

3. 手持单元结构

手持单元由手摇脉冲发生器、坐标轴选择开关、倍率选择开关、手脉使能开关、急停开关组成。其结构如图9-6所示。

图9-6 手轮

4. 手持单元按键功能定义（表9-5）

表9-5　手持单元按键功能定义

按键	名称/符号	功能说明	有效时工作方式
	手轮/【手轮】	控制机床运动 （当手轮模拟功能有效时，它还可以控制机床按程序轨迹运行）	手轮
OFF X Y Z	"手脉使能关"开关/【使能关】	当波段开关旋到"OFF"时，手持单元上除急停外，开关、按键均无效	手轮
OFF X Y Z	轴选择开关/【X】\【Y】\【Z】\【4TH】	当波段开关旋到除"OFP"外的轴选择开关处时，则手持单元上的开关、按键均有效	手轮
X1 X10 X100	手轮倍率开关/【增量倍率】	手轮每转1格或"手动控制轴进给键"每按1次，则机床移动距离对应为 0.001 mm/0.01 mm/0.1 mm	手轮
EMERGENCY	急停键/【急停】	手轮有效时，紧急情况下，可使系统和机床立即进入停止状态，所有输出全部关闭	手轮、增量、手动、回零、自动、MDI

5. 显示界面区域划分

HNC-808Di-M 数控系统的操作界面如图9-7所示。

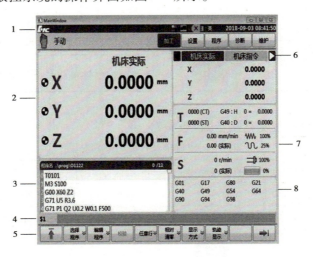

图9-7　显示界面

1—标题栏加工方式：系统工作方式根据机床控制面板上相应按键的状态可在自动（运行）、单段（运行）、手动（运行）、增量（运行）、回零、急停之间切换；

☆ 系统报警信息；   ☆ 0 级主菜单名：显示当前激活的主菜单按键；

☆ U 盘连接情况和网络连接情况；   ☆ 系统标志，时间。

2—图形显示窗口：这块区域显示的画面，根据所选菜单键的不同而不同；

3—G 代码显示区：预览或显示加工程序的代码；

4—输入框：在该栏输入需要输入的信息；

5—菜单命令条：通过菜单命令条中对应的功能键来完成系统功能的操作；

6—轴状态显示：显示轴的坐标位置、脉冲值、断点位置、补偿值、负载电流等；

7—辅助机能：T/F/S 信息区；

8—G 模态及加工信息区：显示加工过程中的 G 模态及加工信息。

（四）程序管理

1. 文件目录及程序重命名步骤（表9-6）

表9-6　文件目录及程序重命名

操作名称	文件目录及程序重命名		工作方式	自动、单段、手动
基本要求	可查找到已有程序		显示界面	3.4.4 章"程序重命名"子界面
序号	操作步骤	按键	说明	
1	按【程序】	程序 Porg	默认界面、主菜单	
2	（查找目录及程序）	---	参见 6.1.2" 程序"功能集的查找程序，将光标移到需要重命名的目录及程序名上	
3	按【→】	→|	进入"程序"集，一级扩展菜单	
4	按【重命名】	重命名	提示输入新文件名	
5	（重命名文件名）	---	输入新文件名	
6	按【Enter】	Enter 确认	确认新文件名 提示旧文件重命名为新文件	

2. 文件目录及程序的复制粘贴步骤（表9-7）

表9-7　文件目录及程序的复制粘贴

操作名称	文件目录及程序的复制粘贴		工作方式	自动、单段、手动
基本要求	可查找到已有程序		显示界面	3.4.2.2 章"程序复制粘贴"子界面
序号	操作步骤	按键	说明	
1	按【程序】	程序 Porg	默认界面、主菜单	
2	（查找需复制程序）	---	参见 6.1.2"程序"功能集的查找程序，将光标移到需复制的程序名上	

序号	操作步骤	按键	说明
3	按【→】		进入"程序"集,一级扩展菜单
4	按【复制】	复制	提示:选择粘贴目标盘
5	(选择目标盘或目录)	---	参见6.1.2"程序"功能集的查找功能,将光标移到目标盘或文件目录上
6	按【粘贴】	粘贴	提示粘贴成功

3.程序删除

(1)"加工"集下的程序删除步骤,见表9-8。

表9-8　程序删除("加工"集下)

操作名称	程序的删除("加工"集下)		工作方式	自动、单段、手动
基本要求	可查找到需删除的程序		显示界面	3.2.2章"程序选择"子界面
序号	操作步骤	按键		说明
1	按【加工】	加工 Mach		默认界面、主菜单
2	按【选择程序】	选择 程序		"选择程序"子界面
3	(查找目录及程序)	---		参见6.1.2"加工"功能集的查找程序,将光标移到需删除的程序名上
4	按【删除】	Delete 删除		提示:"确认删除所选文件?(Y/N)"
5	按【Y】或【N】	Y N		按"Y"则完成删除 按"N"则放弃删除

(2)"程序"集下的程序删除步骤,见表9-9。

表9-9　程序删除("程序"集下)

操作名称	程序的删除("程序"集下)		工作方式	自动、单段、手动
基本要求	可查找到需删除的程序		显示界面	3.4章"程序"功能集界面
序号	操作步骤	按键		说明
1	按【程序】	程序 Porg		默认界面、主菜单

续表

序号	操作步骤	按键	说明
2	（查找需删除程序）	---	参见 6.1.2"程序"功能集的查找程序，将光标移到需删除的程序名上
3	按【删除】	Delete 删除	提示："确认删除所选文件？（Y/N）"
4	按【Y】或【N】	Y　N	按"Y"则完成删除 按"N"则放弃删除

四、任务准备

（一）准备好工装

进入车间应穿戴好工作服，严格遵循 8S 管理。

（二）准备好程序卡片

使用旋转功能编制如图 9-8 所示轮廓的加工程序：设刀具起点距工件上表面 50 mm，切削深度 5 mm。

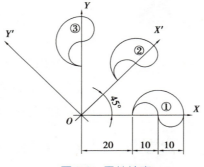

图 9-8　零件轮廓

```
%0068
N10 G92 X0 Y0 Z50
N15 G90 G17 M03 S600                ;主程序
N20 G43 Z-5 H02
N25 M98 P200                        ;加工①
N30 G68 X0 Y0 P45                   ;旋转45°
N40 M98 P200                        ;加工②
N60 G68 X0 Y0 P90                   ;旋转90°
N70 M98 P200                        ;加工③
N20 G49 Z50
N80 G69 M05 M30                     ;取消旋转
%200                                ;子程序（①的加工程序）
```

N100 G41 G01 X20 Y-5 D02 F300
N105 Y0
N110 G02 X40 I10
N120 X30 I-5

N130 G03 X20 I-5

N140 G00 Y-6
N145 G40 X0 Y0
N150 M99

五、任务实施

（一）开机上电

打开机床空开，按下系统电源按钮开如图9-9所示。

（a）机床空开　　　　　　　（b）系统电源按钮开

图9-9　开机上电

（二）正确输入程序

（1）在功能按键区按程序→新建程序，如图9-10所示。

图9-10　功能按键区

（2）在MDI键盘区输入程序如图9-11所示。

图9-11　MDI键盘区

（3）检查程序是否输入正确。

(三)关机

按下系统电源按钮关,关掉机床空开,如图 9-12 所示。

(a)系统电源按钮关   (b)机床空关

图 9-12   关机

六、考核评价

具体评价项目及标准见表 9-10。

表 9-10   任务评分标准及检测报告

序号	检测项目	检测内容	配分/分	检测要求	学生自测		教师测评	
					自测尺寸	评分	检测尺寸	评分
1	开机	开机的顺序	10	超差不得分				
2	关机	关机的顺序	10	超差不得分				
3	程序的管理	新建程序	20	超差不得分				
4	程序的输入	程序输入是否正确	50	超差不得分				
5	安全生产	是否穿工装	10	超差不得分				

七、总结提高

填写表 9-11,分析任务计划和实施过程中的问题及原因并提出解决办法。

表 9-11   任务实施情况分析表

任务实施内容	问题记录	解决办法
开机的顺序		
关机的顺序		
新建程序步骤		
程序输入是否正确		

八、练习实践

开启机床手动输入程序,如图 9-13 和表 9-12 所示。

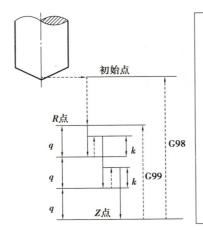

```
%0073

G92  X0  Y0  Z80

G00  G90  G98  M03  S600

G73  X100  R40  P2  Q-10  K5  Z0  F200

G00  X0  Y0  Z80

M05

M30
```

图 9-13　G73 指令动作图与 G73 编程

表 9-12　任务评分标准及检测报告

序号	检测项目	检测内容	配分/分	检测要求	学生自测		教师测评	
					自测尺寸	评分	检测尺寸	评分
1	开机	开机的顺序	10	超差不得分				
2	关机	关机的顺序	10	超差不得分				
3	程序的管理	新建程序	20	超差不得分				
4	程序的输入	程序输入是否正确	50	超差不得分				
5	安全生产	是否穿工装	10	超差不得分				

任务十　数控铣床刀具安装及对刀

一、任务描述

　　数控铣刀是实现精密加工与复杂形状制造的关键工具。数控铣刀的选择、安装、调试直接关系到加工质量、效率与成本,是每位数控技术人员必须掌握的技能。在本任务中,我们将学习数控铣刀的相关知识,并以图10-1所示工件为例,练习数控铣刀的安装和对刀过程。

二、任务目标

(1)了解铣刀工具系统的结构和应用。
(2)掌握数控铣床常用刀具的正确安装。
(3)掌握数控铣床对刀的原理及对刀操作方法。
(4)培养机械加工安全文明意识和规程操作的职业素养。
(5)培养团队协作精神和创新意识。

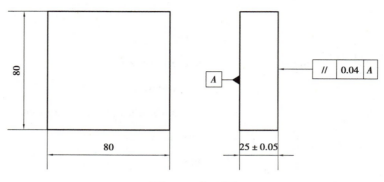

图 10-1　加工图

三、知识链接

（一）工具系统

工具系统是刀具与数控铣床的连接部分，由工作头（即刀具）、刀柄、拉钉、中间模块等组成，如图 10-2 所示，起固定刀具及传递动力的作用。

图 10-2　数控铣床工具系统

1. 刀柄

数控铣床上使用的刀具种类繁多，而每种刀具都有特定的结构及使用方法，要想实现刀具在主轴上的固定，必须有一个中间装置，该装置必须既能装夹刀具又能在主轴上准确定位。这个中间装置即为刀柄，如图 10-3 所示。

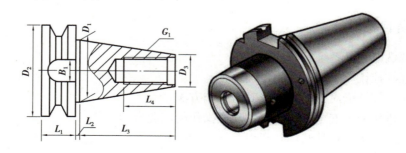

图 10-3　数控铣床常用刀柄

数控铣床刀柄一般采用 7：24 锥面与主轴锥孔配合定位,根据锥柄大端直径(D_1)的不同,数控刀柄又分成 30,40,50(个别的还有 35 和 45)等几种不同的锥度号,如 BT/JT/ST50 和 BT/JT/ST40 分别代表锥柄大端直径为 69.85 mm 和 44.45 mm 的 7：24 锥柄。

2.拉钉

加工中心拉钉(图 10-4)的尺寸也已标准化,ISO 或 GB 规定了 A 型和 B 型两种形式的拉钉,其中 A 型拉钉用于不带钢球的拉紧装置,而 B 型拉钉用于带钢球的拉紧装置。刀柄及拉钉的具体尺寸可查阅有关标准的规定。

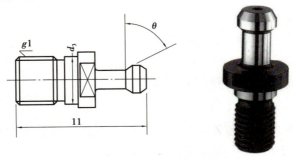

图 10-4　拉钉

3.弹簧夹头及中间模块

弹簧夹头有两种,即 ER 弹簧夹头和 KM 弹簧夹头。其中 ER 弹簧夹头采用 ER 夹头刀柄,如图 10-5 所示。装夹的夹紧力较小,适用于切削力较小的场合;KM 弹簧夹头采用强力夹头刀柄装夹,如图 10-6 所示。夹紧力较大,适用于强力铣削。

中间模块是刀柄和刀具的中间连接装置,通过中间模块的使用,提高了刀柄的使用性能。例如,镗刀、丝锥和钻夹头与刀柄的连接就经常使用中间模块,如图 10-7 所示。

图 10-5　ER 弹簧夹头　　　　　　　　图 10-6　KM 弹簧夹头

图 10-7　中间模块

立铣刀的安装
和对刀的不同
方法

（二）刀具安装

1. 装刀

①选择手轮方式或手动方式。

②将刀具放入锥孔内。

③按下主轴上的"气动按键"。

④用力下拉，确定夹紧。

2. 卸刀

①选择手轮方式或手动方式。

②用手抓住刀柄，按下主轴"气动按键"。

③往下拉，力量适当。

④如果拉不下来，就用木棒轻轻敲击刀柄。

（三）对刀操作

对刀操作分为 X，Y 向对刀和 Z 向对刀。根据使用的对刀工具的不同，常用的对刀方法分为以下几种：试切对刀法；塞尺、标准芯棒对刀法；采用寻边器、偏心棒和 Z 轴设定器等工具对刀法；顶尖对刀法；百分表对刀法等。

1. 试切对刀法

（1）X，Y 向对刀。

①将工件通过夹具装在工作台上。

②启动主轴中速旋转，快速移动工作台和主轴，让刀具快速移动到靠近工件左侧有一定安全距离的位置，然后降低速度移动至接近工件左侧。

③靠近工件时改用微调操作，使刀具恰好接触到工件左侧表面，记下此时机床坐标系中显示的 X 坐标值。

④沿 Z 正方向退刀，用同样的方法接近工件右侧，记下此时机床坐标系中显示的 X 坐标值。

⑤据此可得工件坐标系原点在机床坐标系中的 X 坐标值。

（2）Z 向对刀。

将刀具快速移至工件上方。启动主轴中速旋转，让刀具快速移动到靠近工件上表面有一定安全距离的位置，然后降低速度移动让刀具端面接近工件上表面。让刀具端面慢慢接近工件表面，使刀具端面恰好碰到工件上表面，将 Z 轴再抬高 0.01 mm，记下此时机床坐标系中的 Z 值。

（3）数据存储。

将测得的 X，Y，Z 值输入机床工件坐标系存储地址 G54 中（一般使用 G54～G59 代码存储对刀参数）。

（4）启动生效。

进入面板输入模式（MDI），输入"G54"，按启动键（在"自动"模式下），运行 G54 使其生效。

（5）检验。

检验对刀是否正确，这一步非常关键。

2.塞尺、标准芯棒对刀法

该对刀法与试切对刀法相似,只是对刀时主轴不转动,在刀具和工件之间加入塞尺(或标准芯棒、块规),以塞尺恰好不能自由抽动为准,注意,在计算坐标时应将塞尺的厚度减去。因为主轴不需要转动切削,这种方法不会在工件表面留下痕迹,但对刀精度也不够高。

3.采用寻边器等工具对刀法

操作步骤与采用试切对刀法相似,只是将刀具换成寻边器。使用寻边器时必须小心,让其钢球部位与工件轻微接触,同时被加工工件定位基准面有较好的表面粗糙度。

(1)对第一把刀。

①对第一把刀的 Z 时仍然先用试切法、塞尺法等。记下此时工件原点的机床坐标 Z1。第一把刀加工完后,停转主轴。

②把对刀器放在机床工作台平整台面上(如虎钳大表面)。

③在手轮模式下,利用手摇移动工作台至合适位置,向下移动主轴,用刀的底端压对刀器的顶部,表盘指针转动,正好在一圈以内,记下此时 Z 轴设定器的示数 A 并将相对坐标 Z 轴清零。

④抬高主轴,取下第一把刀。

(2)对第二把刀。

①装上第二把刀。

②在手轮模式下,向下移动主轴,用刀的底端压对刀器的顶部,表盘指针转动,指针指向与第一把刀相同的示数 A 位置。

③记录此时 Z 轴相对坐标对应的数值 Z0(带正负号)。

④抬高主轴,移走对刀器。

⑤将原来第一把刀的 G54 里的 Z1 坐标数据加上 Z0(带正负号),得到一个新的 Z 坐标。

⑥这个新的 Z 坐标就是第二把刀对应的工件原点的机床实际坐标,将它输入到第二把刀的 G54 工作坐标中,这样就设定好了第二把刀的零点。其余与第二把刀的对刀方法相同。

4.顶尖对刀法

(1)X,Y 向对刀。

①将工件通过夹具装在机床工作台上,换上顶尖。

②快速移动工作台和主轴,使顶尖移动到近工件的上方,寻找工件画线的中心点,降低速度移动使顶尖接近它。

③改用微调操作,让顶尖慢慢接近工件画线的中心点,直到顶尖尖点对准工件画线的中心点,记下此时机床坐标系中的 X,Y 坐标值。

(2)Z 向对刀。

卸下顶尖,装上铣刀,用其他对刀方法(如试切法、塞尺法等)得到 Z 轴坐标值。

5.百分表对刀法

该方法一般用于圆形工件对刀。

(1)X,Y 向对刀。

将百分表安装杆装在刀柄上,调节磁性座上伸缩杆的长度和角度,使百分表的触头接触工件的圆周面,慢慢转动主轴,使触头沿着工件的圆周面转动,多次反复后,待百分表的指针在同一位置,可认为主轴的中心就是 X 轴和 Y 轴的原点。

（2）Z向对刀。

卸下百分表装上铣刀，用其他对刀方法如试切法、塞尺法等得到Z轴坐标值。

数控铣床的对刀方法有很多种，不同对刀方法有着不同特点，无论采用何种工具对刀，目的都是使机床主轴轴线与刀具端面的交点和对刀点重合，提高加工精度。

四、任务准备

（一）人员准备

按小组检查学生出勤情况，查学生穿戴是否符合文明生产要求，要求学生严格遵循8S管理。

（二）毛坯、设备、刀具、辅助工量器具

实施本项目所需的毛坯、设备、刀具、辅助工量器具，见表10-1。

表10-1　毛坯、设备、刀具、辅助工量器具表

序号	名称	简图	型号/规格	数量
1	数控铣床		VMC850（机床行程：850 mm×500 mm×500 mm；最高转速：10 000 r/min；数控系统：华中 HNC818 型）	1
2	面铣刀		ϕ30 mm 面铣刀	1
3	平口钳		200 mm	1
4	分中棒		D4×D10×90L	1

续表

序号	名称	简图	型号/规格	数量
5	铜棒			1
6	等高垫块	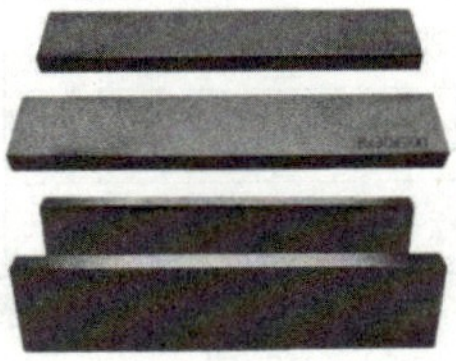	150×16×8、150×20×8、150×24×8、150×28×8、150×32×8、150×35×8、150×40×8、150×45×8、150×50×8	若干

五、任务实施

(一)图纸分析,确定编程原点

所需加工部位为上表面。设定上表面中心点为编程原点。

(二)对刀

(1)安装工件。

(2)使用分中棒按操作步骤完成 X,Y 方向对刀。

(3)按要求完成面铣刀的装夹。

(4)完成 Z 方向对刀。

六、考核评价

具体评价项目及标准见表 10-2。

表 10-2　任务评分标准及检测报告

序号	检测内容	配分/分	检测要求	学生自测	教师测评
1	开机	5	能按正确流程开机		
2	回机床参考点	5	开机后能正确操作机床返回参考点		
3	装夹工件	10	能按加工要求正确装夹工件		
4	安装铣刀	10	能保证伸出长度合适、刀具安装正确		
5	X,Y 方向对刀	20	能正确完成对刀操作,并完成指定坐标系的录入		

续表

序号	检测内容	配分/分	检测要求	学生自测	教师测评
6	Z 方向对刀	15	能正确完成对刀操作,并完成指定坐标系的录入		
7	分中棒使用	10	能正确使用分中棒进行对刀,操作无误		
8	关机	5	能按正确流程关机		
9	安全生产	5	违反安全操作规程		
10	整理整顿	5	工量刃具摆放规范		
11	清洁清扫	5	机床内外、周边清洁卫生		
12	设备保养	5	正确保养		

七、总结提高

填写表 10-3,分析任务计划和实施过程中的问题及原因,并提出解决办法。

表 10-3　任务实施情况分析表

任务实施内容	问题记录	解决办法
开关机操作		
工件安装		
刀具安装		
X,Y,Z 方向对刀		
安全文明生产		

八、练习实践

根据零件图 10-8,确定编程原点并完成刀具选择安装及对刀操作,填写表 10-4。

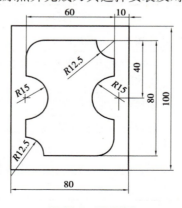

图 10-8　零件图

表 10-4　任务评分标准及检测报告

序号	检测内容	配分/分	检测要求	学生自测	教师测评
1	开机	5	能按正确流程开机		
2	回机床参考点	5	开机后能正确操作机床返回参考点		
3	装夹工件	10	能按加工要求正确装夹工件		
4	安装铣刀	10	能保证伸出长度合适、刀具安装正确		
5	X,Y 方向对刀	20	能正确完成对刀操作，并完成指定坐标系的录入		
6	Z 方向对刀	15	能正确完成对刀操作，并完成指定坐标系的录入		
7	分中棒使用	10	能正确使用分中棒进行对刀，操作无误		
8	关机	5	能按正确流程关机		
9	安全生产	5	违反安全操作规程		
10	整理整顿	5	工量刃具摆放规范		
11	清洁清扫	5	机床内外、周边清洁卫生		
12	设备保养	5	正确保养		

任务十一　平面零件的数控铣削加工

一、任务描述

在本任务中，我们将完成如图 11-1 所示的平面类零件数控铣削加工。数控系统作为智能制造的核心装备，其国产化是我国制造业实现自主可控和安全发展的关键途径。数控系统的国产化是提升产业链安全性的关键，有助于打破国际垄断并降低制造成本。近年来，国产数控系统在技术、市场和应用等方面取得了显著进步，攻克了一批"卡脖子"的技术难题，为推动我国制造业的转型升级和高质量发展作出了重要贡献。

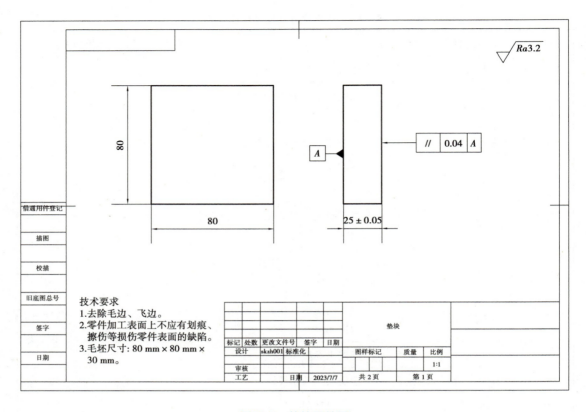

图 11-1　垫块零件图

二、任务目标

（1）会识读数控铣削加工工艺卡。

（2）会合理选择数控铣削加工的切削用量。

（3）会使用 G00，G01，G90，G91 等指令正确编写平面类零件的加工程序。

（4）会正确操作机床设备，独立完成零件加工。

（5）会使用量具对零件尺寸进行检测。

三、知识链接

（一）进给控制指令

1. 工件坐标系设定 G92

G92 指令通过设定刀具起点相对于要建立的工件坐标原点的位置建立坐标系。此坐标系一旦建立起来，后续的绝对值指令坐标位置都是此工件坐标系中的坐标值。

格式：G92 X＿＿ Y＿＿ Z＿＿

说明：X，Y，Z 为当前刀位点在工件坐标系中的坐标。

【例 11-1】　如图 11-2 所示，确立的加工原点在距离刀具起始点 X＝－20，Y＝－10，Z＝－10 的位置上。

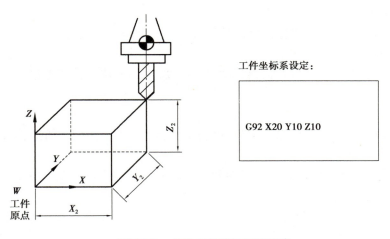

图 11-2　G92 工件坐标系的设定

2. 工件坐标系选择 G54 ~ G59

工件坐标系选择如图 11-3 所示。

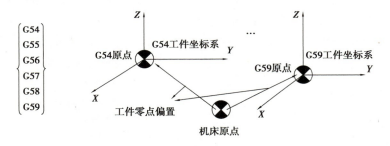

图 11-3　工件坐标系 G54 ~ G59

说明:(1)G54 ~ G59 是系统预置的 6 个坐标系,可根据需要选用。

(2)该指令执行后,所有坐标值指定的坐标尺寸都在选定的工件加工坐标系中的位置。1 ~ 6 号工件加工坐标系是通过 CRT/MDI 方式设置的。

(3)G54 ~ G59 预置建立的工件坐标原点在机床坐标系中的坐标值可用 MDI 方式输入,系统自动记忆。

(4)使用该组指令前,必须先回参考点。

(5)G54 ~ G59 为模态指令,可相互注销。

3. 坐标平面选择 G17,G18,G19

G17　XY 平面　　刀具长度补偿值为 Z 平面

G18　XZ 平面　　刀具长度补偿值为 Y 平面

G19　YZ 平面　　刀具长度补偿值为 X 平面

说明:(1)坐标平面选择指令是用来选择圆弧插补的平面和刀具补偿的平面。

(2)G17,G18,G19 为模态功能,可相互注销,G17 为缺省值。

4. G90——绝对坐标编程

G90 是指工件所有点的坐标值基于某一坐标系,以统一零点计量的编程方式。

5. G91——相对坐标编程

G91 是指运动轨迹的终点坐标值始终是相对于上一个起点计量的编程方式。

6. 快速定位 G00

G00 指令刀具相对于工件以各轴预先设定的速度,从当前位置快速地移动到程序段指令的定位目标点。

格式:G00　X __　Y __　Z __

说明:(1)X,Y,Z:快速定位终点,在 G90 时为终点在工件坐标系中的坐标,在 G91 时为终点相对于起点的位移量。

(2)G00 指令中的快移速度由机床参数"快移进给速度"对各轴分别设定,不能用 F 规定。

(3)G00 一般用于加工前快速定位或加工后快速退刀。快移速度可由面板上的快速修调旋钮修正。

(4)G00 为模态功能,可由 G01,G02,G03 或 G33 功能注销。

在执行 G00 指令时,由于各轴以各自速度移动,不能保证各轴同时到达终点,因而联动直线轴的合成轨迹不一定是直线。操作者必须格外小心,以免刀具与工件发生碰撞。常见的做法是,将 Z 轴移动到安全高度,再放心地执行 G00 指令。

【例 11-2】　如图 11-4 所示,使用 G00 编程:要求刀具从 A 点快速定位到 B 点。

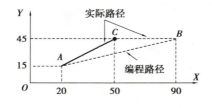 

图 11-4　G00 编程

当 X 轴和 Y 轴的快进速度相同时,从 A 点到 B 点的快速定位路线为 $A \rightarrow C \rightarrow B$,即以折线的方式到达 B 点,而不是以直线的方式从 $A \rightarrow B$。

7. 线性进给 G01

G01 指令是在指定进给速度 F 下实现直线移动的,其移动速度的快慢受 F 指令和操作进给倍率旋钮的控制,程序中若第一次出现该指令,则必须指定进给速度。

格式:G01　X __　Y __　Z __　F __ ;

说明:(1)X,Y,Z:线性进给终点,在 G90 时为终点在工件坐标系中的坐标,在 G91 时为终点相对于起点的位移量。

(2)F __ :合成进给速度。

(3)G01 指令刀具以联动的方式,按 F 规定的合成进给速度,从当前位置按线性路线(联动直线轴的合成轨迹为直线)移动到程序段指令的终点。

(4)G01 为模态代码,可由 G00,G02,G03 或 G33 的功能注销。

【例 11-3】　如图 11-5 所示,使用 G01 编程:要求从 A 点线性进给到 B 点(此时的进给路线是从 $A \rightarrow B$ 的直线)。

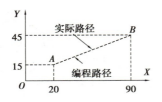

从A点到B点线性进给

绝对坐标编程:
　　G90 G01 X90 Y45 F800

增量坐标编程:
　　G91 G01 X70 Y30 F800

图 11-5　G01 编程

8. 常用 M 代码功能:

M03 主轴正转　　　　M05 主轴停止　　　　M06 刀具交换
M08 冷却开　　　　　M09 冷却关　　　　　M98 调用子程序
M99 子程序结束返回/重复执行　　　　　　M30 程序结束并返回程序头

(二)平面铣削的方法

1. 周铣和端铣平面

用刀齿分布在圆周表面上的面铣刀进行铣削的加工方法叫作周铣,如图 11-6(a)所示。用刀齿分布在圆柱表面上的面铣刀进行铣削的加工方法叫作端铣,如图 11-6(b)所示。

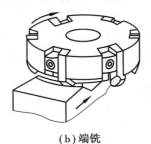

平口钳的装夹

(a)周铣　　　　　　　　**(b)端铣**

图 11-6　周铣和端铣

与周铣相比,端铣平面具有以下优点:

①端铣所用的面铣刀的副切削刃对已加工表面有修光作用,能降低表面粗糙度值;周铣加工表面则有波纹状残留面积。

②同时参加切削的面铣刀齿数较多,切削力的变化程度较小,因此,工作时振动较周铣小。

③面铣刀的主切削刃刚接触工件时,切屑厚度不等于零,使刀刃不易磨损。

④面铣刀的刀杆伸出较短,刚性好,刀杆不易变形,可选用较大的切削用量。

由此可见,端铣的加工质量比较好,生产效率较高,所以铣削平面大多采用端铣。但是,周铣对加工各种型面的适应性较广,而有些型面(如成形面等)则不能采用端铣。

2. 顺铣和逆铣

周铣有顺铣和逆铣之分,如图 11-7 所示。顺铣时,铣刀的旋转方向(切削速度方向)与工件的进给方向相同;逆铣时,铣刀的旋转方向与工件的进给方向相反。逆铣时,切屑的厚度从零开始渐增。实际上,铣刀的刀刃开始接触工件后,将在表面滑行一段距离才能真正切入金属,这就使得刀刃容易被磨损,从而增大加工表面的表面粗糙度值。逆铣时,铣刀对工件有上抬的切削分力,影响工件安装在工作台上的稳固性。

顺铣、逆铣
介绍

（a）顺铣示意图　　　　　　　　　（b）逆铣示意图

图 11-7　顺铣和逆铣

逆铣时，刀齿开始切削工件时的切削厚度比较小，导致刀具易磨损，并影响已加工表面。顺铣时，刀具的耐用度比逆铣时提高了 2～3 倍，刀齿的切削路径较短，比逆铣时的平均切削厚度大，而且切削变形较小，但顺铣不宜加工带硬皮的工件。由于工件所受的切削力方向不同，粗加工时逆铣比顺铣要平稳。

对于立式数控铣床所采用的立铣刀，装在主轴上相当于悬臂梁结构，在切削加工时刀具会产生弹性弯曲变形，如图 11-8 所示。当用铣刀顺铣时，刀具在切削时会产生让刀现象，即切削时出现"欠切"现象，如图 11-8（a）所示；而用铣刀逆铣时，刀具在切削时会产生啃刀现象，即切削时出现"过切"现象，如图 11-8（b）所示。这种现象在刀具直径越小、刀杆伸出越长时越明显，因此在选择刀具时，从提高生产率、减小刀具弹性弯曲变形的影响等方面考虑，应选大的刀具直径，但不能大于零件凹圆弧的半径；在装刀时，刀杆尽量伸出短些。

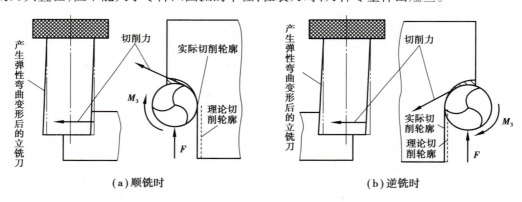

（a）顺铣时　　　　　　　　　　　（b）逆铣时

图 11-8　顺铣和逆铣时的切削现象

（三）面铣切削参数的选择

铣削用量包括主轴转速（切削速度 v_c）、背吃刀量 a_p、进给量 v_f，如图 11-9 所示。切削用量的大小对切削力、切削功率、刀具磨损、加工质量和加工成本均有显著影响。数控加工中选择切削用量时，就是在保证加工质量和刀具耐用度的前提下，充分发挥机床性能和刀具切削性能，使切削效率最高，加工成本最低。其选择原则如下：

1. 粗加工时切削用量的选择

首先选取尽可能大的背吃刀量；其次根据机床动力和刚性的限制条件等选取尽可能大的进给量；最后根据刀具耐用度确定最佳的切削速度。

2. 精加工时切削用量的选择

首先根据粗加工后的余量确定背吃刀量；其次根据已加工表面的粗糙度要求，选取较小的进给量;最后在保证刀具耐用度的前提下,尽可能地选取较高的切削速度。

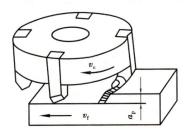

图 11-9　铣削用量参数

（1）切削速度。

切削速度是指在切削过程中,铣刀的线速度。其计算式为

$$v_c = \frac{\pi D n}{1\ 000}$$

式中　D——铣刀的直径,mm;

　　　n——铣刀的转速,r/min;

　　　π——圆周率。

铣削速度在铣床上是以主轴的转速来调整的。但是对铣刀使用寿命等因素的影响,是以铣削速度来考虑的。因此,在选择好合适的铣削速度后,还要根据铣削速度来计算铣床的主轴转速。铣削速度 v_c 可在表 11-1 推荐的范围内选取,并根据实际情况进行试切后加以调整。

表 11-1　铣削速度 v_c 值的选取

工件材料	铣削速度 v_c/(m·min^{-1})		工件材料	铣削速度 v_c/(m·min^{-1})	
	高速钢铣刀	硬质合金铣刀		高速钢铣刀	硬质合金铣刀
20#钢	20~45	150~250	黄铜	30~60	120~200
45#钢	20~35	80~220	铝合金	112~300	400~600
40Cr	15~25	60~90		16~25	50~100
HT150	14~22	70~100			

注:①粗铣时取小值,精铣时取大值。

②工件材料强度和硬度较高时取小值;反之,取大值。

③刀具材料耐热性较好时取大值;反之,取小值。

（2）进给量。

由于铣刀是多刃刀具,因此进给量有几种不同的表达方式。

①每齿进给量 f_z。铣刀每转过一个刀齿时,铣刀在进给运动方向上相对于工件的位移量称为每齿进给量(mm/z),它是选择铣削进给速度的依据。每齿进给量的选择见表 11-2。

②每转进给量 f。铣刀每转一圈,铣刀与工件的相对位移(mm/r)。

③进给速度 v_f。铣刀相对于工件的移动速度,即单位时间内的进给量,单位为 mm/min。

三者之间的关系为:

$$v_f = nzf_z$$

式中　z——铣刀齿数。

表 11-2　每齿进给量 f_z 值的选取

刀具名称	高速钢刀具		硬质合金刀具	
工件材料	铸铁	钢件	铸铁	钢件
立铣刀	0.08 ~ 0.15	0.03 ~ 0.06	0.20 ~ 0.50	0.08 ~ 0.20
面铣刀	0.15 ~ 0.20	0.06 ~ 0.10	0.20 ~ 0.50	0.08 ~ 0.20

（3）背吃刀量。

铣削背吃刀量不同于车削时的背吃刀量，不是待加工表面与已加工表面的垂直距离，而是指平行于铣刀轴线测得的切削层尺寸。而垂直于铣刀轴线测量的切削层尺寸为铣削宽度，粗加工的铣削宽度一般取 0.6 ~ 0.8 倍刀具的直径，精加工的铣削宽度由精加工余量确定（精加工余量一次性切削）。铣削背吃刀量 a_p 的选取可参考表 11-3。

表 11-3　铣削背吃刀量 a_p 的选取

刀具材料	高速钢铣刀		硬质合金铣刀	
加工阶段	粗铣	精铣	粗铣	精铣
铸铁	5 ~ 7	0.3 ~ 1	10 ~ 18	0.5 ~ 2
软钢	<5	0.3 ~ 1	<12	0.5 ~ 2
中硬钢	<4	0.3 ~ 1	<7	0.5 ~ 2
硬钢	<3	0.3 ~ 1	<4	0.5 ~ 2

（4）加工余量。

①精加工余量的概念。精加工余量是指精加工过程中，所切去的金属层厚度。通常情况下，精加工余量由精加工一次切削完成。

加工余量有单边余量和双边余量之分。轮廓和平面的加工余量指单边余量，它等于实际切削的金属层厚度。而对于一些内圆和外圆等回转体的表面，加工余量有时指双边余量，即以直径方向计算，实际切削的金属层厚度为加工余量的一半。

②精加工余量的影响因素。精加工余量的大小对零件加工的最终质量有直接影响。选取精加工余量不能过大，也不能过小，余量过大会增加切削力、切削热的产生，进而影响加工精度和加工表面质量；余量过小则不能消除上道工序（或工步）留下的各种误差、表面缺陷和本工序的装夹误差，容易造成废品。因此，应根据影响余量大小的因素合理地确定精加工余量。

影响精加工余量大小的因素主要有两个，即上道工序（或工步）的各种表面缺陷、误差和本工序的装夹误差。

③精加工余量的确定方法。

经验估算法：凭工艺人员的实践经验估计精加工余量。为避免因余量不足而产生废品，所估余量一般偏大，仅用于单件小批生产。

查表修正法：将工厂生产实践和试验研究积累的有关精加工余量的资料制成表格，并汇编成手册。确定精加工余量时，可先从手册中查得所需数据，然后再结合工厂的实际情况进行适当修正。这种方法目前应用最广泛。

分析计算法:需运用计算公式和一定的试验资料,对影响精加工余量的各项因素进行综合分析和计算来确定其精加工余量。用这种方法确定的精加工余量比较经济合理,但必须有比较全面和可靠的试验资料,目前只在材料十分贵重,以及军工生产或少数大量生产的工厂中采用。

数控铣床上,采用经验估算法或查表修正法确定的精加工余量推荐值见表 11-4,轮廓指单边余量,孔指双边余量。

表 11-4　精加工余量推荐值

加工方法	刀具材料	精加工余量	加工方法	刀具材料	精加工余量
轮廓铣削	高速钢	0.3～1.0	铰孔	高速钢	0.1～0.2
	硬质合金	0.5～2.0		硬质合金	0.2～0.4
扩孔	高速钢	0.5～1.0	镗孔	高速钢	0.1～0.5
	硬质合金	1.0～2.0		硬质合金	0.3～1.0

(四)走刀路线和工步顺序

走刀路线是刀具刀位点在整个加工工序中相对于工件的运动轨迹,它不但包括了工步的内容,而且也反映出工步的顺序。走刀路线是编写程序的依据之一。因此,在确定走刀路线时最好画一张工序简图,将已经拟定出的走刀路线画上去(包括进、退刀路线),这样可为编程带来不少方便。

工步顺序是指同一道工序中,各个表面加工的先后次序。它对零件的加工质量、加工效率和数控加工中的走刀路线有直接影响,应根据零件的结构特点和工序的加工要求等合理安排。并充分考虑以下几点:

①应能保证被加工零件的加工精度和表面粗糙度的要求,且效率较高。

②应使走刀路线最短,减少刀具空行程时间或切削进给时间,提高加工效率。

③应使数值计算简单,程序段数量少,以减少编程工作量。

④加工路线还应根据工件的加工余量和机床、刀具的刚度等具体情况确定。

数控铣削加工中走刀路线的确定对零件的加工精度和表面质量有直接影响,因此确定好走刀路线是保证铣削加工精度和表面质量的工艺措施之一。走刀路线的确定与工件表面状况、要求的零件表面质量、机床进给机构的间隙、刀具耐用度及零件轮廓形状等有关。

在平面加工中,能使用的走刀路线是多种多样的,比较常用的有两种,分别为环切加工和平行加工,如图 11-10 所示。

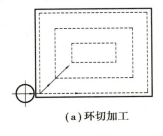

(a)环切加工

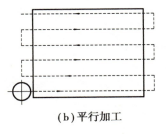

(b)平行加工

图 11-10　平面加工常用的走刀路线

四、任务准备

(一)零件图工艺分析

该零件毛坯尺寸为 80 mm ×80 mm×30 mm，上、下表面均需加工，尺寸精度和表面粗糙度要求均较高，需分粗、精加工两个阶段完成。对于上表面与基准面的平行度要求，可选择质量较好的表面进行粗、精加工后作为基准面翻面装夹，通过提高装夹精度保证平行度要求。

分析零件图样，获取零件特征信息，见表 11-5，制订机械加工工艺过程卡，见表 11-6。

表 11-5　分析零件图样所获取的信息

图样内容	获取的信息
零件材料	45#钢
形状分析	加工内容为手动控制数控铣床完成零件上、下表面的铣削
零件加工部位	零件上、下表面
零件尺寸精度	零件厚度尺寸公差为±0.05 mm
零件几何精度	$\boxed{//\ \vert\ 0.04\ \vert\ A}$
零件表面粗糙度	零件加工面的表面粗糙度值要求为 Ra 3.2 μm
零件技术要求	①去除毛刺、飞边 ②零件加工表面上不应有划痕、擦伤等损伤零件表面的缺陷

表 11-6　机械加工工艺过程卡

零件名称	阶梯轴	机械加工工艺过程卡		毛坯种类	钢锭	共 1 页
				材料	45#钢	第 1 页
工序号	工序名称	工序内容		设备	工艺装备	
10	备料	备料 80 mm×80 mm×30 mm,材料45#钢				
20	画线	工件找正				
30	铣削基准面	(1)粗铣基准面,下刀 1 mm; (2)精铣基准面,下刀 0.2 mm,保证工件表面的平整和表面粗糙度要求		VMC850	平口钳	
40	倒毛刺	去毛刺				
50	检验	检测基准面的平面度和粗糙度				
编制		日期		审核		日期

(二)毛坯、设备、刀具、辅助工量器具

实施本项目所需的毛坯、设备、刀具、辅助工量器具，见表 11-7。

表 11-7 毛坯、设备、刀具、辅助工量器具表

序号	名称	简图	型号/规格	数量
1	数控铣床		VMC850（机床行程：850 mm×500 mm×500 mm；最高转速：10 000 r/min；数控系统：华中 HNC818 型）	1
2	面铣刀		ϕ30 mm 面铣刀	1
3	平口钳		200 mm	1
4	游标卡尺		0～200 mm 游标卡尺（0.02 mm）	1
5	分中棒		D4×D10×90L	1
6	铜棒			1
7	等高垫块		150×16×8、150×20×8、150×24×8、150×28×8、150×32×8、150×35×8、150×40×8、150×45×8、150×50×8	若干

（三）加工工艺路线安排

按照基面先行、先面后孔、先粗后精、先主后次的加工顺序安排原则，制订数控铣削加工工艺路线，见表11-8。

表 11-8　加工工艺路线

序号	工步名称	图示	序号	工步名称	图示
1	粗铣基准面		2	精铣基准面	

五、任务实施

（一）识读数控加工工序卡（工序号30）

数控加工工序卡是操作人员用数控加工程序进行数控加工的主要指导性工艺资料。数控加工工序卡要反映工步及对应的切削用量、工序简图、夹紧定位位置等，见表11-9。

表 11-9　数控加工工序卡

零件名称	垫块	数控加工工序卡		工序号	30	工序名称	数铣
材料	45#钢	毛坯规格/mm	80 mm×80 mm×30 mm	机床设备	VMC850	夹具	平口钳

工步号	工步内容	刀具号	刀具名称	主轴转速 $n/(\mathrm{r \cdot min^{-1}})$	进给速度 $f/(\mathrm{mm \cdot min^{-1}})$	背吃刀量 a_p/mm	备注
1	粗铣基准面	T01	ϕ30 mm 面铣刀	800	500	1	
2	精铣基准面	T01	ϕ30 mm 面铣刀	1 000	320	0.2	
编制		审核		批准		年　月　日	共　页　第　页

（二）识读数控加工刀具卡

数控加工刀具卡是组装数控加工刀具和调整数控加工刀具的依据。数控加工刀具卡上要反映刀具号、刀具结构、刀杆型号、刀片型号及材料等，见表11-10。

表 11-10　数控加工刀具卡

零件名称	垫块		数控加工刀具卡		设备名称	数控铣床
工序名称	粗精铣基准面		工序号	30	设备型号	
工步号	刀具号	刀具名称	刀杆规格/mm	刀片材料	刀尖半径/mm	备注
1,2	T01	ϕ30 mm 可转位硬质合金面铣刀	ϕ30	硬质合金	0	
编制		审核		批准		共　页　第　页

(三)数控加工进给路线图

机床刀具运行轨迹图是编程人员进行数值计算、编制程序、审查程序和修改程序的主要依据。数控加工进给路线图见表 11-11。

表 11-11　数控加工进给路线图

数控加工进给路线图		零件图号		工序号	30	工步号	1	程序号	O0001
机床型号	VMC850	程序段号		加工内容		粗铣基准面		共 2 页	第 1 页

下刀点

退刀点

数控加工进给路线图		零件图号		工序号	30	工步号	2	程序号	%1000
机床型号	VMC850	程序段号		加工内容		精铣基准面		共 2 页	第 2 页

下刀点

退刀点

符号	$\otimes$	⊕	- - →	→	
含义	下刀点	编程原点	快速走刀	进给走刀	

（四）节点坐标计算

根据表中的精铣路线图，计算各点坐标，并填写在表 11-12 中。

表 11-12　节点坐标

序号	节点坐标	序号	节点坐标	序号	节点坐标
1	−60,40	4	−60,13	7	60,−40
2	60,40	5	−60,−13	8	−60,−40
3	60,13	6	60,−13		

（五）编写加工程序

数控加工程序单，是编程员根据工艺分析情况，经过数值计算，按照数控机床规定的指令代码，根据运行轨迹图的数据处理而进行编写的。请填写表 11-13 数控加工程序单。

表 11-13　数控加工程序单

程序号	程序内容	程序说明

（六）加工操作

具体加工操作见表 11-14。

工件的装夹

表 11-14　加工操作

序号	操作流程	工作内容及说明	备注
1	机床开机	检查机床→开机→低速热机→回机床参考点	

续表

序号	操作流程	工作内容及说明	备注
2	工件装夹	采用平口钳进行装夹,工件伸出钳口高度大于铣削深度,保证能够安全加工为宜	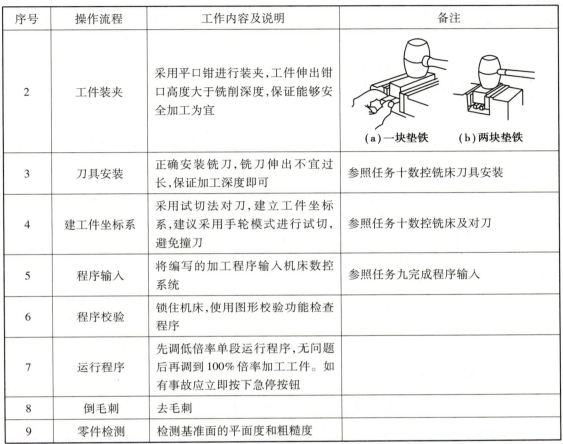
3	刀具安装	正确安装铣刀,铣刀伸出不宜过长,保证加工深度即可	参照任务十数控铣床刀具安装
4	建工件坐标系	采用试切法对刀,建立工件坐标系,建议采用手轮模式进行试切,避免撞刀	参照任务十数控铣床及对刀
5	程序输入	将编写的加工程序输入机床数控系统	参照任务九完成程序输入
6	程序校验	锁住机床,使用图形校验功能检查程序	
7	运行程序	先调低倍率单段运行程序,无问题后再调到100%倍率加工工件。如有事故应立即按下急停按钮	
8	倒毛刺	去毛刺	
9	零件检测	检测基准面的平面度和粗糙度	

六、考核评价

具体评价项目及标准见表11-15。

表11-15　任务评分标准及检测报告

序号	检测项目	检测内容	配分/分	检测要求	学生自测		教师测评	
					自测尺寸	评分	检测尺寸	评分
1	表面粗糙度	$Ra3.2\ \mu m$（基准面）	20	不合格不得分				
2	外观	无毛刺	20	不符合不得分				
		无损伤	15	不符合不得分				
3	时间	工件按时加工完成	10	未按时完成不得分				

续表

序号	检测项目	检测内容	配分/分	检测要求	学生自测		教师测评	
					自测尺寸	评分	检测尺寸	评分
4	机械加工工艺卡执行情况	是否完全执行工艺卡片	5	不符合不得分				
	刀具选用情况	是否完全执行刀具卡片	5	不符合不得分				
5	现场操作	安全生产	10	违反安全操作规程不得分				
		整理整顿	5	工量刃具摆放不规范不得分				
		清洁清扫	5	机床内外、周边清洁不合格不得分				
		设备保养	5	未正确保养不得分				

七、总结提高

填写表 11-16,分析任务计划和实施过程中的问题及原因,并提出解决办法。

表 11-16 任务实施情况分析表

任务实施内容	问题记录	解决办法
加工工艺		
加工程序		
加工操作		
加工质量		
安全文明生产		

八、练习实践

自选毛坯,制订计划,完成图 11-11 所示零件的加工和检测,填写表 11-17。

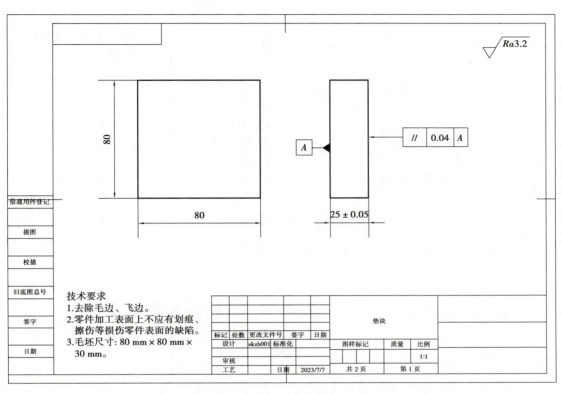

图 11-11　零件图

表 11-17　评分标准及检测报告

序号	检测项目	检测内容	配分/分	检测要求	学生自测		教师测评	
					自测尺寸	评分	检测尺寸	评分
1	表面粗糙度	$Ra3.2\ \mu m$（基准面）	10	不合格不得分				
2	平行度误差	0.04 mm	10	超差不得分				
3	长度	(25±0.05) mm	20	超差不得分				
4	外观	无毛刺	10	不符合不得分				
		无损伤	5	不符合不得分				
5	时间	工件按时加工完成	10	未按时完成不得分				
6	机械加工工艺卡的执行情况	是否完全执行工艺卡片	5	加工工艺是否正确、规范				
7	刀具选用情况	是否完全执行刀具卡片	5	刀具和切削用量不合理,每项扣1分				

续表

序号	检测项目	检测内容	配分/分	检测要求	学生自测		教师测评	
					自测尺寸	评分	检测尺寸	评分
8	现场操作	安全生产	10	违反安全操作规程不得分				
		整理整顿	5	工量刃具摆放不规范不得分				
		清洁清扫	5	机床内外、周边清洁不合格不得分				
		设备保养	5	未正确保养不得分				

任务十二　外形轮廓零件的数控铣削加工

一、任务描述

在本任务中,我们将完成如图 12-1 所示的零件外轮廓数控铣削加工。数控加工不仅展现了技术与精度,更体现了团队协作精神。因为每一件精密零件的诞生都凝聚了设计、编程、操作、质检等多工种人员的智慧与汗水,所以团队合作精神至关重要。通过团队合作,我们不仅能够高效完成生产任务,还能在相互学习中提升自我,培养责任感、协作能力和集体荣誉感,为将来步入社会、成为行业栋梁奠定了坚实的基础。

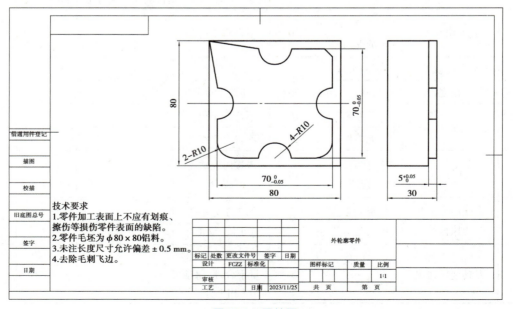

图 12-1　零件图

二、任务目标

（1）能使用刀具补偿编写加工程序。
（2）能加工简单的内、外轮廓零件。
（3）能熟练掌握数控系统常用指令的编程与加工工艺。
（4）会使用量具对零件尺寸进行检测。

三、知识链接

相关编程指令说明如下：

1. 圆弧进给 G02/G03

格式：$G17 \begin{Bmatrix} G02 \\ G03 \end{Bmatrix} XY \begin{Bmatrix} I\_J\_ \\ R\_ \end{Bmatrix} F$；

$G18 \begin{Bmatrix} G02 \\ G03 \end{Bmatrix} XZ \begin{Bmatrix} I\_K\_ \\ R\_ \end{Bmatrix} F$；

$G19 \begin{Bmatrix} G02 \\ G03 \end{Bmatrix} YZ \begin{Bmatrix} J\_K\_ \\ R\_ \end{Bmatrix} F$；

说明：G02：顺时针圆弧插补（图 12-2）；

G03：逆时针圆弧插补（图 12-2）；

G17：XY 平面的圆弧；

G18：ZX 平面的圆弧；

G19：YZ 平面的圆弧。

X，Y，Z：圆弧终点，在 G90 时为圆弧终点在工件坐标系中的坐标；在 G91 时为圆弧终点相对于圆弧起点的位移量。

I，J，K：圆心相对于圆弧起点的偏移值（等于圆心的坐标减去圆弧起点的坐标，如图 12-3 所示），在 G90/G91 时都是以增量方式指定的。

R：圆弧半径，当圆弧圆心角小于180°时，R 为正值，否则 R 为负值。

F：被编程的两个轴的合成进给速度。

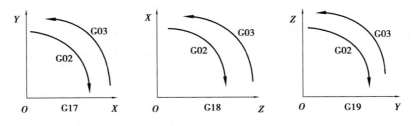

图 12-2 不同平面的 G02 与 G03 选择

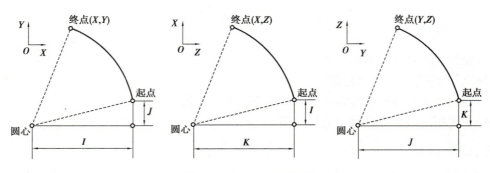

图 12-3　I，J，K 的选择

【例 12-1】　使用 G02 对如图 12-4 所示的劣弧 *a* 和优弧 *b* 编程。

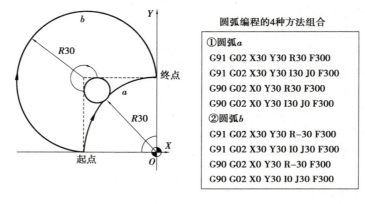

圆弧编程的4种方法组合

①圆弧*a*

G91 G02 X30 Y30 R30 F300

G91 G02 X30 Y30 I30 J0 F300

G90 G02 X0 Y30 R30 F300

G90 G02 X0 Y30 I30 J0 F300

②圆弧*b*

G91 G02 X30 Y30 R–30 F300

G91 G02 X30 Y30 I0 J30 F300

G90 G02 X0 Y30 R–30 F300

G90 G02 X0 Y30 I0 J30 F300

图 12-4　圆弧编程

【例 12-2】　使用 G02/G03 对如图 12-5 所示的整圆编程。

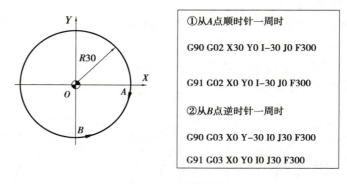

①从*A*点顺时针一周时

G90 G02 X30 Y0 I–30 J0 F300

G91 G02 X0 Y0 I–30 J0 F300

②从*B*点逆时针一周时

G90 G03 X0 Y–30 I0 J30 F300

G91 G03 X0 Y0 I0 J30 F300

图 12-5　整圆编程

注意：

①顺时针或逆时针是从垂直于圆弧所在平面的坐标轴的正方向看到的回转方向；

②整圆编程时不可以使用 R，只能用 I,J,K；

③同时编入 R 与 I,J,K 时，R 有效。

2.螺旋线进给 G02/G03

格式：$G17 \begin{Bmatrix} G02 \\ G03 \end{Bmatrix} XY \begin{Bmatrix} I\_J\_ \\ R\_ \end{Bmatrix} ZF;$

$$G18 \begin{Bmatrix} G02 \\ G03 \end{Bmatrix} XZ \begin{Bmatrix} I\_K\_ \\ R\_ \end{Bmatrix} YF;$$

$$G19 \begin{Bmatrix} G02 \\ G03 \end{Bmatrix} YZ \begin{Bmatrix} J\_K\_ \\ R\_ \end{Bmatrix} XF;$$

说明:X,Y,Z 中由 G17/G18/G19 平面选定的两个坐标为螺旋线投影圆弧的终点,意义同圆弧进给,第三坐标是与选定平面相垂直的轴终点;其余参数的意义同圆弧进给。

该指令对另一个不在圆弧平面上的坐标轴施加运动指令,对任何小于 360°的圆弧,可附加任一数值的单轴指令。

【例 12-3】　使用 G03 对如图 12-6 所示的螺旋线编程。

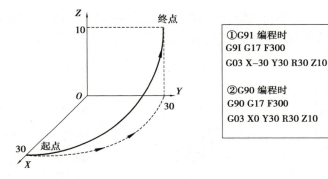

图 12-6　螺旋线编程

3. 刀具补偿

(1)半径补偿 G40,G41,G42。

$$格式: \begin{Bmatrix} G17 \\ G18 \\ G19 \end{Bmatrix} \begin{Bmatrix} G40 \\ G41 \\ G42 \end{Bmatrix} \begin{Bmatrix} G00 \\ G01 \end{Bmatrix} XYZD;$$

铣刀半径补偿、长度补偿的建立

说明:G40:取消刀具半径补偿;

G41:左刀补(在刀具前进方向左侧补偿),如图 12-7(a)所示;

G42:右刀补(在刀具前进方向右侧补偿),如图 12-7(b)所示;

G17:刀具半径补偿平面为 XY 平面;

G18:刀具半径补偿平面为 ZX 平面;

G19:刀具半径补偿平面为 YZ 平面;

X,Y,Z:G00/G01 的参数,即刀补建立或取消的终点(注:投影到补偿平面上的刀具轨迹受到的补偿);

D:G41/G42 的参数,即刀补号码(D00~D99),它代表刀补表中对应的半径补偿值。

G40,G41,G42 都是模态代码,可相互注销。

注意:

①刀具半径补偿平面的切换必须在补偿取消方式下进行;

②刀具半径补偿的建立与取消只能用 G00 或 G01 指令,不得用 G02 或 G03。

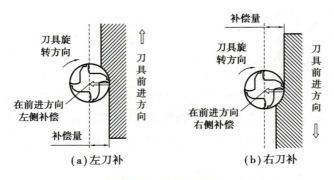

图 12-7　刀具补偿方向

【例 12-4】　考虑刀具半径补偿，编制如图 12-8 所示零件的加工程序：要求建立如图所示的工件坐标系，按箭头所指示的路径进行加工，设加工开始时刀具距离工件上表面 50 mm，切削深度为 10 mm。

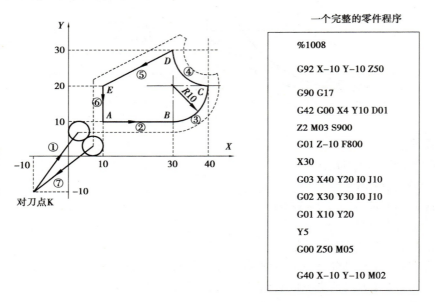

一个完整的零件程序

```
%1008
G92 X-10 Y-10 Z50
G90 G17
G42 G00 X4 Y10 D01
Z2 M03 S900
G01 Z-10 F800
X30
G03 X40 Y20 I0 J10
G02 X30 Y30 I0 J10
G01 X10 Y20
Y5
G00 Z50 M05
G40 X-10 Y-10 M02
```

图 12-8　刀具半径补偿编程

注意：

①加工前应先用手动方式对刀，将刀具移动到相对于编程原点（-10, -10, 50）的对刀点处；

②图中带箭头的实线为编程轮廓，不带箭头的虚线为刀具中心的实际路线。

（2）长度补偿 G43, G44, G49。

格式：$\begin{Bmatrix} G17 \\ G18 \\ G19 \end{Bmatrix} \begin{Bmatrix} G43 \\ G44 \\ G49 \end{Bmatrix} \begin{Bmatrix} G00 \\ G01 \end{Bmatrix} XYZH ;$

说明：G17：刀具长度补偿轴为 Z 轴；

G18：刀具长度补偿轴为 Y 轴；

G19：刀具长度补偿轴为 X 轴；

G49：取消刀具长度补偿；

G43：正向偏置（补偿轴终点加上偏置值）；

G44：负向偏置（补偿轴终点减去偏置值）；

X，Y，Z：G00/G01 的参数，即刀补建立或取消的终点；

H：G43/G44 的参数，即刀具长度补偿偏置号（H00～H99），它代表了刀补表中对应的长度补偿值。

G43，G44，G49 都是模态代码，可相互注销。

四、任务准备

（一）零件图的工艺分析

1. 工件的装夹

选用平口虎钳装夹工件，一次装夹可以完成所有加工内容。

2. 加工路线的确定（参考）

①建立工件坐标系，原点为工件上表面对称中心。

②粗铣 70 mm×70 mm 的不规则台面→精铣 70 mm×70 mm 的不规则台面。

选择零件中心为编程原点，工件的上表面定为 Z0。需要加工的部分为带 $R10$ mm 圆弧的 70 mm×70 mm 的不规则凸台，深度为 $5_{0}^{+0.05}$ mm。机械加工工艺过程卡见表 12-1。

表 12-1　机械加工工艺过程卡

零件名称	外轮廓零件	机械加工工艺过程卡		毛坯种类	钢锭	共 1 页
				材料	45#钢	第 1 页
工序号	工序名称	工序内容			设备	工艺装备
1	备料	备料 80 mm×80 mm×30 mm，保证外形尺寸、垂直度和粗糙度 $Ra3.2$ 要求				
2	铣削外形	按图纸要求加工 70 mm×70 mm 的不规则台面			VMC850	平口钳
3	钳工	锐边倒钝，去毛刺			钳台	台虎钳
4	清洗	用清洁剂清洗零件				
5	检验	按图样尺寸检测				
编制		日期		审核		日期

（二）设备、刀具、辅助工量器具

实施本项目所需的设备、刀具、辅助工量器具见表 12-2。

表 12-2　设备、刀具、辅助工量器具表

序号	名称	简图	型号/规格	数量
1	数控铣床		VMC850（机床行程:850 mm×500 mm×500 mm;最高转速:10 000 r/min;数控系统:华中 HNC818 型）	1
2	平口钳		200 mm	1
3	游标卡尺		0～200 mm	1
4	立铣刀		D10R0	1
5	分中棒		D4×D10×90L	1
6	铜棒		—	1
7	等高垫块		150×16×8、150×20×8、150×24×8、150×28×8、150×32×8、150×35×8、150×40×8、150×45×8、150×50×8	1

（三）加工工艺路线安排

按照先粗后精、先主后次的加工顺序安排原则,制订加工工艺路线,见表 12-3。

表 12-3 加工工艺路线

序号	工步名称	图示	序号	工步名称	图示
1	粗铣轮廓	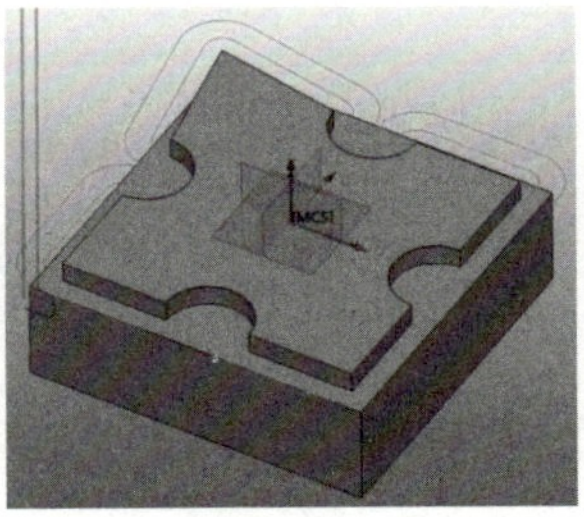	2	精铣轮廓	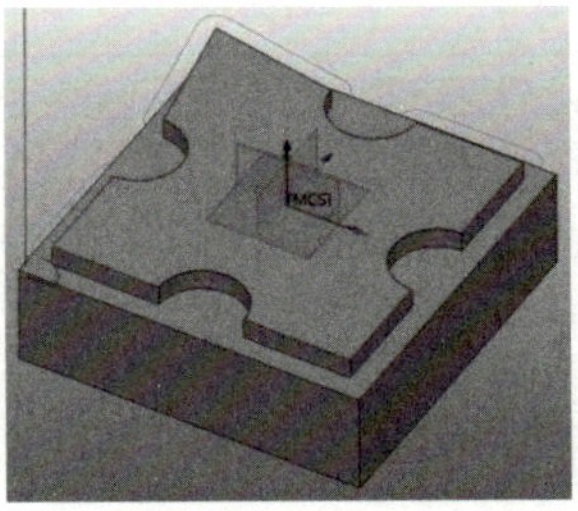

五、任务实施

(一)识读数控加工工序卡(工序号 20)

数控加工工序卡是操作人员用数控加工程序进行数控加工的主要指导性工艺资料。数控加工工序卡要反映工步及对应的切削用量、工序简图、夹紧定位位置等,见表 12-4。

表 12-4 数控加工工序卡

零件名称	外轮廓零件	数控加工工序卡		工序号	02	工序名称	数铣
材料	45#钢	毛坯规格 /mm	80 mm×80 mm× 30 mm	机床设备	VMC850	夹具	平口钳

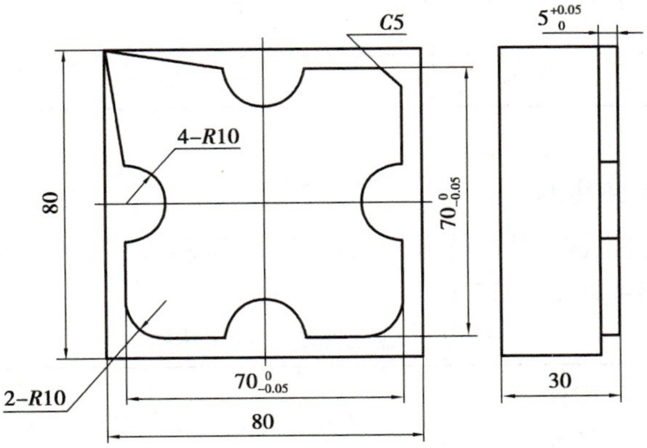

工步号	工步内容	刀具号	刀具名称	主轴转速 $n/(\mathrm{r \cdot min^{-1}})$	进给速度 $f/(\mathrm{mm \cdot min^{-1}})$	背吃刀量 a_p/mm	备注
1	将工件用平口钳进行装夹,注意应使用等高垫块垫平,保证工件足够的伸出高度						

续表

工步号	工步内容	刀具号	刀具名称	主轴转速 $n/(\mathrm{r\cdot min^{-1}})$	进给速度 $f/(\mathrm{mm\cdot min^{-1}})$	背吃刀量 a_p/mm	备注
2	粗铣外轮廓,余量0.2	D01	立铣刀 D8R0	1 000	150	5	
3	精铣外轮廓	D01	立铣刀 D8R0	2 000	500		
4	锐边倒钝,去毛刺						
编制		审核		批准		年 月 日	共 页	第 页

(二)识读数控加工刀具卡

数控加工刀具卡是组装数控加工刀具和调整数控加工刀具的依据。数控加工刀具卡上要反映刀具号、刀具结构、刀杆型号、刀片型号及材料等,见表12-5。

表12-5　数控加工刀具卡

零件名称	外形轮廓零件		数控加工刀具卡		设备名称	数控铣床
工序名称	数铣		工序号	02	设备型号	VMC850
工步号	刀具号	刀具名称	刀杆规格/mm	刀片材料	刀尖半径/mm	备注
2,3	D01	立铣刀 D12R0	$\phi 8$	硬质合金	0	
编制		审核		批准	共 页	第 页

(三)数控加工进给路线图

机床刀具运行轨迹图是编程人员进行数值计算、编制程序、审查程序和修改程序的主要依据。数控加工进给路线图见表12-6。

表12-6　数控加工进给路线图

数控加工进给路线图		零件图号		工序号	02	工步号	2	程序号	%0001
机床型号	VMC850	程序段号		加工内容		粗铣外轮廓		共2页	第1页

续表

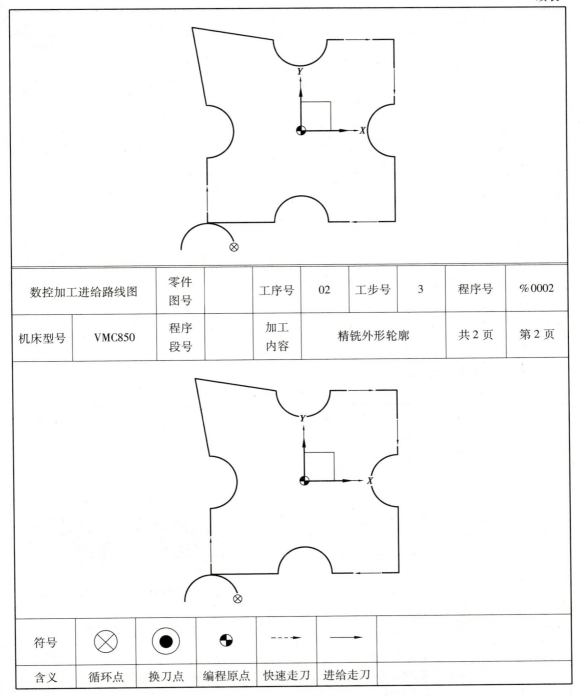

数控加工进给路线图		零件图号		工序号	02	工步号	3	程序号	％0002
机床型号	VMC850	程序段号		加工内容		精铣外形轮廓		共2页	第2页

符号	⊗	◉	◓	- - →	—→	
含义	循环点	换刀点	编程原点	快速走刀	进给走刀	

（四）编写加工程序

数控加工程序单是编程员根据工艺分析情况，经过数值计算，按照数控机床规定的指令代码，根据运行轨迹图的数据处理而进行编写的。填写表12-7数控加工程序单。

表 12-7　数控加工程序单

程序号	程序内容	程序说明

（五）加工操作

具体加工操作见表 12-8。

表 12-8　加工操作

序号	操作流程	工作内容及说明	备注
1	机床开机	检查机床→开机→低速热机→回机床参考点	
2	工件装夹	采用平口钳进行装夹，工件伸出钳口高度大于铣削深度，保证能够安全加工为宜	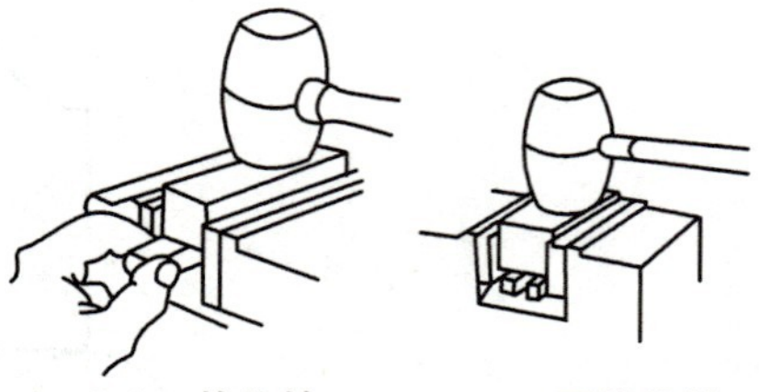 （a）一块垫铁　　（b）两块垫铁
3	刀具安装	正确安装铣刀，铣刀伸出不宜过长，保证加工深度即可	参照任务十数控铣床刀具安装
4	建工件坐标系	采用试切法对刀，建立工件坐标系，建议采用手轮模式进行试切，避免撞刀	参照任务十数控铣床及对刀
5	程序输入	将编写的加工程序输入机床数控系统	参照任务九完成程序输入

续表

序号	操作流程	工作内容及说明	备注
6	程序校验	锁住机床,使用图形校验功能检查程序	
7	运行程序	先调低倍率,单段运行程序,无问题后再调到100%倍率加工工件。如有事故应立即按下急停按钮	
8	零件检测	使用千分尺、游标卡尺等量具测量工件各部位尺寸	

六、考核评价

具体评价项目及标准见表12-9。

表12-9　任务评分标准及检测报告

序号	检测项目	检测内容	配分/分	检测要求	学生自测		教师测评	
					自测尺寸	评分	检测尺寸	评分
1	型腔轮廓	$70_{-0.05}^{0}$(两处)	40	超差不得分				
2		5	5	超差不得分				
3		4-R10	10	超差不得分				
4	表面粗糙度	$Ra3.2$	5	超差不得分				
5	倒角	未注倒角	3	不符合不得分				
6	去毛刺	是否有毛刺	2	不符合不得分				
7	机械加工工艺卡的执行情况	是否完全执行工艺卡片	5	不符合不得分				
	刀具选用情况	是否完全执行刀具卡片	5	不符合不得分				
8	现场操作	安全生产	10	违反安全操作规程不得分				
		整理整顿	5	工量刃具摆放不规范不得分				
		清洁清扫	5	机床内外、周边清洁不合格不得分				
		设备保养	5	未正确保养不得分				

七、总结提高

填写表 12-10，分析任务计划和实施过程中的问题及原因并提出解决办法。

表 12-10　任务实施情况分析表

任务实施内容	问题记录	提出解决办法
加工工艺		
加工程序		
加工操作		
加工质量		
安全文明生产		

八、练习实践

自选毛坯，制订计划，完成如图 12-9 所示零件的加工和检测，填写表 12-11。

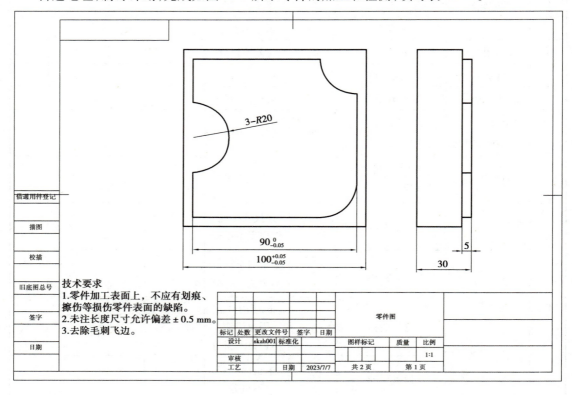

图 12-9　零件图

表 12-11 评分标准及检测报告

序号	检测项目	检测内容	配分/分	检测要求	学生自测		教师测评	
					自测尺寸	评分	检测尺寸	评分
1	轮廓加工	$90_{-0.05}^{0}$	30	超差不得分				
2		100	5	超差不得分				
3		5	10	超差不得分				
4		30	3	超差不得分				
5		$3-R20$	12	超差不得分				
6	表面粗糙度	$Ra3.2$	5	超差不得分				
7	倒角	未注倒角	3	不符合不得分				
8	去毛刺	是否有毛刺	2	不符合不得分				
9	机械加工工艺卡的执行情况	是否完全执行工艺卡片	5	不符合不得分				
	刀具选用情况	是否完全执行刀具卡片	5	不符合不得分				
10	现场操作	安全生产	10	违反安全操作规程不得分				
		整理整顿	5	工量刀具摆放不规范不得分				
		清洁清扫	3	机床内外、周边清洁不合格不得分				
		设备保养	2	未正确保养不得分				

任务十三 型腔轮廓零件的数控铣削加工

一、任务描述

在本任务中,我们将完成如图 13-1 所示的型腔类零件数控铣削加工。在学习过程中,要积极参加小组讨论和展示等环节;在实践中,学习如何清晰地表达观点、有效倾听他人意见,并在不同观点间寻找共识。这样在未来工作中,才能游刃有余地处理人际关系,促进团队和谐,共同推动项目顺利进行,实现个人与集体的双赢。

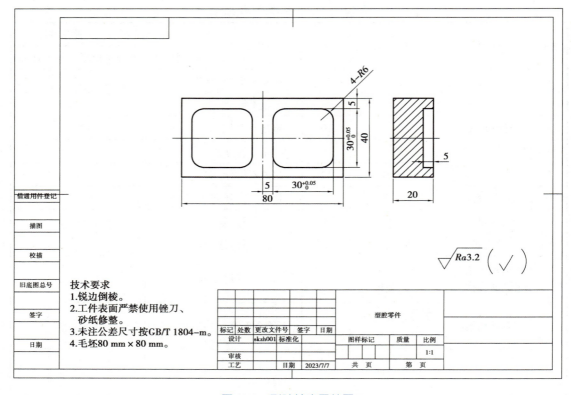

图 13-1　型腔轮廓零件图

二、任务目标

（1）会识读数控铣削加工工艺卡。

（2）会合理选择数控铣削加工的切削用量。

（3）能合理确定刀具的下刀方式。

（4）会使用 M98\M99 指令编写子程序。

（5）会正确操作机床设备，独立完成零件加工。

（6）会使用量具对零件尺寸进行检测。

三、知识链接

1. 型腔轮廓零件铣削刀具的选择

加工型腔轮廓类零件一般选择普通立铣刀，也可以选择键槽铣刀；但是，不管选择哪种刀具加工，刀具半径 r 应小于零件内轮廓面的最小曲率半径 R，一般取 $r=(0.8\sim0.9)R$。选择不同类型的刀具其下刀方式也有所不同，常用的下刀方式有以下 3 种。

①使用键槽铣刀加工，可直接沿 Z 方向下刀切入工件进行铣削。

②先用钻头在型腔位置预钻孔，再用普通立铣刀沿预钻孔位置直接下刀切入进行轮廓铣削。

③使用线性坡走下刀（斜插式）和螺旋式下刀。

线性坡走下刀是指刀具在 XZ 平面或者 YZ 平面以斜线的方式走刀，逐渐下刀到型腔切削深度。在进刀时,需要特别注意切入的位置和角度,一般进刀角度为 2°～5°,如图 13-2 所示。螺旋线的路线切入工件时,螺旋下刀立铣刀从工件的上一层沿螺旋线切入下一层位置,螺旋线半径尽量取大,这样切入的效果会更好,此种加工方法因为刀具是沿螺旋线方法切入工件,则刀具所承受的力不完全是在轴向上,而是分散在进给方向与轴向上的,使切削平稳,减少刀具承载力、提高刀具寿命。螺旋切入下刀无论在粗加工或精加工时都是比较实用可行的方法,如图 13-3 所示。

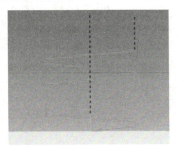

图 13-2　线性坡走下刀

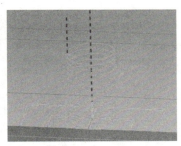

图 13-3　螺旋式下刀

2. 型腔轮廓零件铣削加工路线

常见的加工走刀路线有行切法、环切法和综合切削法 3 种,如图 13-4 所示。3 种加工方法的特点:

①共同点是都能加工内轮廓的全部面积,不留死角,不伤轮廓,同时应尽量减少重复进给重叠量。

②不同点是行切法[图 13-4(a)]的进给路线比环切法短,但行切法将在每两次进给的起点与终点间留下残留面积,而达不到所要求的表面粗糙度;用环切法[图 13-4(b)]获得的表面粗糙度要好于行切法,但环切法需要逐次向外扩展轮廓线,刀位点计算比较复杂。

③采用图 13-4(c)所示的进给路线,即先用行切法切去中间部分余量,再用环切法光整轮廓表面,既能保证总进给路线短,又能获得较好的表面粗糙度。

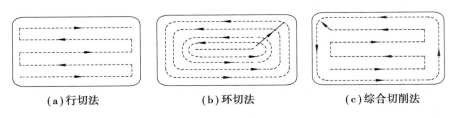

(a)行切法　　　　　　　(b)环切法　　　　　　(c)综合切削法

图 13-4　型腔轮廓走刀路线

3. 型腔轮廓铣削切向切入切出

型腔轮廓铣削加工刀具切入切出方式和外形轮廓进刀方式有所不同,为了避免产生过切,进刀时不能沿轮廓切线延长线方向进刀;同时为了保证切向切入切出,刀具常以走圆弧的方式切向切入和切向切出,如图 13-5 所示。

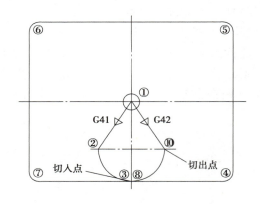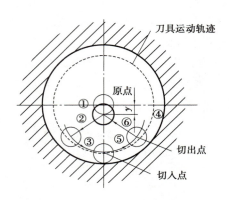

图 13-5　切入切出

4.子程序的运用

加工程序分为主程序和子程序两种,NC 执行主程序的指令,但当执行到一条子程序调用指令时,NC 转向执行子程序,在子程序中执行到返回指令时,再回到主程序。

当加工程序需要多次运行一段同样的轨迹时,可以将这段轨迹编成子程序存储在机床的程序存储器中(华中数控可以将主程序和子程序放在同一程序文件内),程序需要执行这段轨迹时便可以调用该子程序。当一个主程序调用一个子程序时,该子程序可以调用另一个子程序,这种情况,称为子程序的两重嵌套。一般机床可以允许最多四重的子程序嵌套。一个完整的子程序应具有以下格式:

O××××;子程序号

…………;

…………;

…………;子程序内容

…………;

M99;　　返回主程序

程序中 M99 为子程序结束指令,M99 不一定单独使用一个程序段,如"G00 X Y M99;"也是允许的。

子程序的调用可通过辅助功能代码 M98 指令进行,在调用格式中将子程序的程序号 O 或%省略,用 P 作前置引导。

格式:M98 P L ;

如:M98 P1234 L5;

M98 用来调用子程序。

M99 表示子程序结束,执行 M99 使控制返回到主程序。

其中,地址 P 后面的四位数为程序号,地址 L 后面的数为子程序调用次数,子程序号及调用次数前的 0 可以省略不写。如果子程序只调用一次,则地址 L 及其后面的数字可以省略。

5.内轮廓零件下刀方式编程实例

(1)线性坡走下刀(斜插式)进刀方式编程示例。

刀具选择 D12 普通立铣刀,其进给路线如图 13-6 所示。

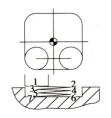

路线	基点坐标
1	-9，-9，1
2	9，-9，0
3	-9，-9，-1
4	9，-9，-2
5	-9，-9，-3
6	9，-9，-4
7	-9，-9，-5

图 13-6　线性坡走下刀路线及基点坐标

参考程序如下：

O0001

N10 G90 G40 G54 G17

N20 M03 S500　　　　　　　　启动主轴正转,转速 500 r/min

N30 G00 X0 Y0 Z10　　　　　　定位下刀高度

N40 G01 X-9 Y-9 Z1 F150　　　下刀到 1 点

N50 G01 X9 Y-9 Z0 F100　　　线性坡走下刀 1—2 点

N60 G01 X-9 Y-9 Z-1　　　　　线性坡走下刀 2—3 点

N70 G01 X9 Y-9 Z-2　　　　　线性坡走下刀 3—4 点

N80 G01 X-9 Y-9 Z-3　　　　　线性坡走下刀 4—5 点

N90 G01 X9 Y-9 Z-4　　　　　线性坡走下刀 5—6 点

N100 G01 X-9 Y-9 Z-5　　　　线性坡走下刀 6—7 点

　　　　　⋮

N110 M30　　　　　　　　　　程序结束

（2）螺旋式下刀编程示例。

刀具选择 D12 普通立铣刀,采用环切法去除余量,其进给路线如图 13-7 所示。

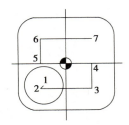

路线	基点坐标
1	-6，-6
2	-8，-8
3	8，-8
4	8，0
5	-8，0
6	-8，8
7	8，8

图 13-7　螺旋式下刀路线及基点坐标

参考程序如下：

O0002

N10 G90 G40 G54 G17

N20 M03 S500　　　　　　　　启动主轴正转,转速 500 r/min

N30 G00 X0 Y0 Z10　　　　　　定位下刀高度

N40 G01 X-6 Y-6 Z0 F150　　　下刀到 1 点

N50 G03 X-6 Y-6 Z-1 I-3　　　螺旋下刀,深度 1 mm

N60 G03 X-6 Y-6 Z-2 I-3	螺旋下刀,深度 2 mm
N70 G03 X-6 Y-6 Z-3 I-3	螺旋下刀,深度 3 mm
N80 G03 X-6 Y-6 Z-4 I-3	螺旋下刀,深度 4 mm
N90 G03 X-6 Y-6 Z-5 I-3	螺旋下刀,深度 5 mm
N100 G03 X-6 Y-6 Z-5 I-3	修整底部
N110 G01 X-8 Y-8	直线插补 1—2 点
N120 G01 X8 Y-8	直线插补 2—3 点
N130 G01 X8 Y0	直线插补 3—4 点
N140 G01 X-8 Y0	直线插补 4—5 点
N150 G01 X-8 Y8	直线插补 5—6 点
N160 G01 X8 Y8	直线插补 6—7 点
N170 G00 Z50	退刀到安全高度
N180 M30	程序结束

（3）内轮廓精加工走刀路线示例。

精加工采用环切法,刀具以切向切入切出,走刀路线如图 13-8 所示。

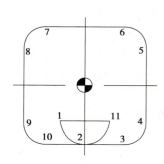

路线	基点坐标
1	-6, -9
2	0, -15
3	9, -15
4	15, -9
5	15, 9
6	9, 15
7	-9, 15
8	-15, 9
9	-15, -9
10	-9, -15
11	6, 9

图 13-8　精加工路线及基点坐标

参考程序如下：

O00003

G90 G40 G54 G17

N20 M03 S1000	启动主轴正转,转速 1 000 r/min
N30 G41 G00 X-6 Y-9 Z10 D01	建立左刀补,定位下刀高度
N40 G01 Z-5 F100	下刀到切削深度
N50 G03 X0 Y-15 R6 100	切向切入 1—2 点
N60 G01 X9 Y-15	直线插补 2—3 点
N70 G03 X15 Y-9 R6	圆弧插补 3—4 点
N80 G01 X15 Y9	直线插补 4—5 点
N90 G03 X9 Y15 R6	圆弧插补 5—6 点
N100 G01 X-9 Y15	直线插补 6—7 点
N110 G03 X-15 Y9 R6	圆弧插补 7—8 点
N120 G01 X-15 Y-9	直线插补 8—9 点

N130 G03 X-9 Y-15 R6   圆弧插补9—10 点

N140 G01 X0 Y-15   直线插补10—2 点

N150 G03 X6 Y9 R6   切向切出2—11 点

N160 G00 Z50   退刀到安全高度

N170 G40 X0 Y0   取消刀补

N180 M30   程序结束

四、任务准备

(一)零件图工艺分析

该零件的材料为2A12 铝锭,棒料尺寸为80 mm×40 mm×20 mm,无热处理和硬度要求。因此应采用一次装夹,按照先粗后精的原则制订加工工艺卡,见表13-1。

表 13-1 机械加工工艺过程卡

零件名称	型腔轮廓零件	机械加工工艺过程卡		毛坯种类	铝锭	共 1 页
				材料	2A12	第 1 页
工序号	工序名称	工序内容			设备	工艺装备
10	备料	备料 80 mm×40 mm×20 mm,保证外形尺寸、垂直度和粗糙度 Ra3.2 要求				
20	铣削型腔	按图纸要求编程加工右边型腔,再通过调用子程序的方式加工左边型腔			VMC850	平口钳
40	钳	锐边倒钝,去毛刺			钳台	台虎钳
50	清洗	用清洁剂清洗零件				
60	检验	按图样尺寸检测				
编制		日期		审核		日期

(二)设备、刀具、辅助工量器具

实施本项目所需的设备、刀具、辅助工量器具,见表13-2。

表 13-2 设备、刀具、辅助工量器具表

序号	名称	简图	型号/规格	数量
1	数控铣床		VMC850(机床行程:850 mm×500 mm×500 mm;最高转速:10 000 r/min;数控系统:华中 HNC818 型)	1

续表

序号	名称	简图	型号/规格	数量
2	平口钳		200 mm	1
3	游标卡尺		0～200 mm	1
4	内测千分尺		25～50 mm	1
5	立铣刀		D10R0	1
6	分中棒		D4×D10×90L	1
7	铜棒		—	1
8	等高垫块		150×16×8、150×20×8、150×24×8、150×28×8、150×32×8、150×35×8、150×40×8、150×45×8、150×50×8	1

（三）加工工艺路线安排

按照先粗后精的加工顺序安排原则制订加工工艺路线,见表13-3。

表 13-3　加工工艺路线

序号	工步名称	图示	序号	工步名称	图示
1	粗铣型腔轮廓	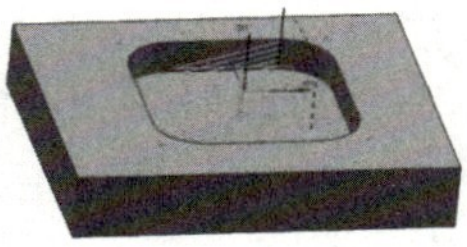	2	精铣型腔轮廓	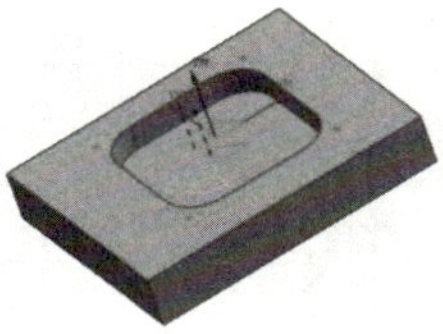

五、任务实施

(一)识读数控加工工序卡(工序号 20)

数控加工工序卡是操作人员用数控加工程序进行数控加工的主要指导性工艺资料。数控加工工序卡要反映工步及对应的切削用量、工序简图、夹紧定位位置等,见表 13-4。

表 13-4　数控加工工序卡

零件名称	型腔轮廓零件	数控加工工序卡		工序号	20	工序名称	数铣
材料	2A12	毛坯规格/mm	80×40×20	机床设备	VMC850	夹具	平口钳

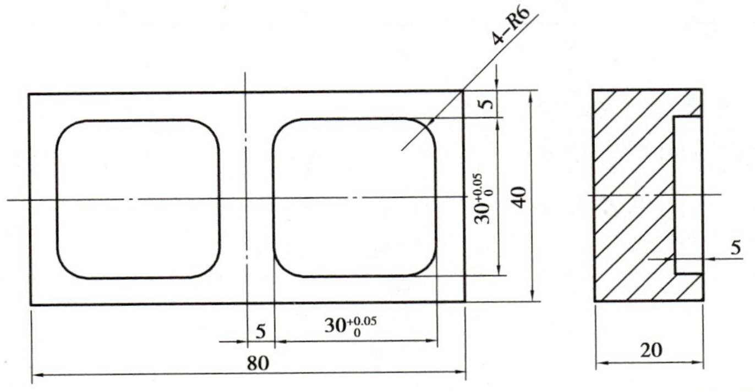

工步号	工步内容	刀具号	刀具名称	主轴转速 $n/(\text{r}\cdot\text{min}^{-1})$	进给速度 $f/(\text{mm}\cdot\text{min}^{-1})$	背吃刀量 a_p/mm	备注
1	将工件用平口钳进行装夹,注意使用等高垫块垫平,保证工件足够的伸出高度						
2	粗铣型腔轮廓	D01	立铣刀 D12R0	500	150	5	

续表

工步号	工步内容	刀具号	刀具名称	主轴转速 $n/(\text{r} \cdot \text{min}^{-1})$	进给速度 $f/(\text{mm} \cdot \text{min}^{-1})$	背吃刀量 a_p/mm	备注
3	精铣型腔轮廓	D01	立铣刀 D12R0	1 000	1 000		
4	锐边倒钝,去毛刺						
编制		审核		批准	年 月 日	共 页	第 页

(二)识读数控加工刀具卡

数控加工刀具卡是组装数控加工刀具和调整数控加工刀具的依据。数控加工刀具卡上要反映刀具号、刀具结构、刀杆型号、刀片型号及材料等,见表 13-5。

表 13-5 数控加工刀具卡

零件名称	型腔轮廓零件		数控加工刀具卡		设备名称	数控铣床
工序名称	数铣		工序号	20	设备型号	VMC850
工步号	刀具号	刀具名称	刀杆规格/mm	刀片材料	刀尖半径/mm	备注
2,3	D01	立铣刀 D12R0	$\phi12$	硬质合金	0	
编制		审核		批准	共 页	第 页

(三)数控加工进给路线图

机床刀具运行轨迹图是编程员进行数值计算、编制程序、审查程序和修改程序的主要依据。数控加工进给路线图见表 13-6。

表 13-6 数控加工进给路线图

数控加工进给路线图		零件图号		工序号	20	工步号	3	程序号	O0001
机床型号	VMC850	程序段号		加工内容		粗铣型腔轮廓		共 2 页	第 1 页

续表

数控加工进给路线图		零件图号		工序号	20	工步号	4	程序号	%1000
机床型号	VMC850	程序段号		加工内容	精铣型腔轮廓			共 2 页	第 2 页

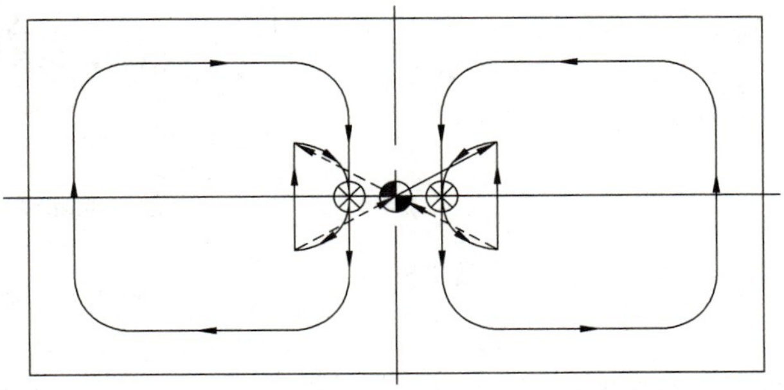

符号	⊗	◑	- - -→	──→	
含义	下刀点	编程原点	快速走刀	进给走刀	

（四）编写加工程序

数控加工程序单是编程员根据工艺分析情况,经过数值计算,按照数控机床规定的指令代码,根据运行轨迹图的数据处理而进行编写的。填写表13-7数控加工程序单。

表 13-7　数控加工程序单

程序号	程序内容	程序说明

（五）加工操作

具体加工操作见表13-8。

表 13-8　加工操作

序号	操作流程	工作内容及说明	备注
1	机床开机	检查机床→开机→低速热机→回机床参考点	
2	工件装夹	采用平口钳进行装夹,工件伸出钳口高度大于铣削深度,保证能够安全加工为宜	(a)一块垫铁　(b)两块垫铁
3	刀具安装	正确安装铣刀,铣刀伸出不宜过长,保证加工深度即可	参照任务十数控铣床刀具安装
4	建立工件坐标系	采用试切法对刀,建立工件坐标系,建议采用手轮模式进行试切,避免撞刀	参照任务十数控铣床及对刀
5	程序输入	将编写的加工程序输入机床数控系统	参照任务九完成程序输入
6	程序校验	锁住机床,使用图形校验功能检查程序	
7	运行程序	先调低倍率单段运行程序,无问题后再调到100%倍率加工工件。如有事故应立即按下急停按钮	
8	零件检测	使用千分尺测量外圆直径,游标卡尺测量工件长度值	

六、考核评价

具体评价项目及标准见表 13-9。

表 13-9　任务评分标准及检测报告

序号	检测项目	检测内容	配分/分	检测要求	学生自测		教师测评	
					自测尺寸	评分	检测尺寸	评分
1	型腔轮廓	$30^{+0.05}_{0}$(4 处)	40	超差不得分				
2		5	5	超差不得分				
3		$4-R6$	10	超差不得分				
4	表面粗糙度	$Ra3.2$	5	超差不得分				

续表

序号	检测项目	检测内容	配分/分	检测要求	学生自测		教师测评	
					自测尺寸	评分	检测尺寸	评分
5	倒角	未注倒角	3	不符合不得分				
6	去毛刺	是否有毛刺	2	不符合不得分				
7	机械加工工艺卡执行情况	是否完全执行工艺卡片	5	不符合不得分				
	刀具选用情况	是否完全执行刀具卡片	5	不符合不得分				
8	现场操作	安全生产	10	违反安全操作规程不得分				
		整理整顿	5	工量刃具摆放不规范不得分				
		清洁清扫	5	机床内外、周边清洁不合格不得分				
		设备保养	5	未正确保养不得分				

七、总结提高

填写表 13-10,分析任务计划和实施过程中的问题及原因并提出解决办法。

表 13-10　任务实施情况分析表

任务实施内容	问题记录	解决办法
加工工艺		
加工程序		
加工操作		
加工质量		
安全文明生产		

八、练习实践

自选毛坯,制订计划,完成如图 13-9 所示零件的加工和检测,填写表 13-11。

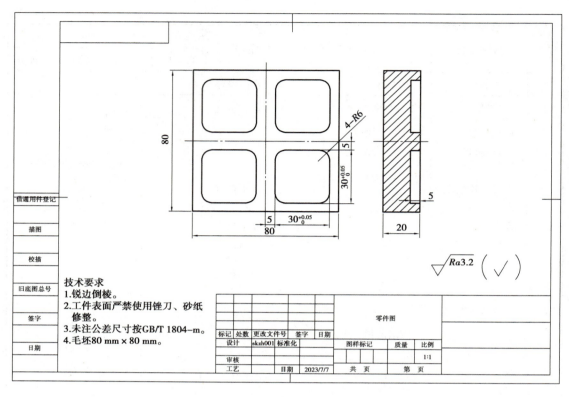

技术要求
1.锐边倒棱。
2.工件表面严禁使用锉刀、砂纸修整。
3.未注公差尺寸按GB/T 1804-m。
4.毛坯80 mm×80 mm。

图 13-9　零件图

表 13-11　评分标准及检测报告

序号	检测项目	检测内容	配分/分	检测要求	学生自测		教师测评	
					自测尺寸	评分	检测尺寸	评分
1	型腔轮廓	$30^{+0.05}_{0}$（8 处）	40	超差不得分				
2		5	5	超差不得分				
3		80（2 处）	3	超差不得分				
4		20	2	超差不得分				
5		4-R6（4 处）	10	超差不得分				
6	表面粗糙度	Ra3.2	5	超差不得分				
7	倒角	未注倒角	3	不符合不得分				
8	去毛刺	是否有毛刺	2	不符合不得分				
9	机械加工工艺卡的执行情况	是否完全执行工艺卡片	5	不符合不得分				
	刀具选用情况	是否完全执行刀具卡片	5	不符合不得分				

续表

序号	检测项目	检测内容	配分/分	检测要求	学生自测		教师测评	
					自测尺寸	评分	检测尺寸	评分
10	现场操作	安全生产	10	违反安全操作规程不得分				
		整理整顿	5	工量刃具摆放不规范不得分				
		清洁清扫	3	机床内外、周边清洁不合格不得分				
		设备保养	2	未正确保养不得分				

任务十四　孔类零件的数控铣削加工

一、任务描述

在本任务中,我们将使用数控铣床完成如图 14-1 所示的孔类零件加工。数控铣床广泛应用于汽车发动机缸体、飞机结构件、电子设备主板等产品的孔加工,具有高精度、高效率、自动化等优势。能够完成钻孔、扩孔、铰孔和镗孔等一系列孔加工工序。在学习过程中,可以针对实际情况尝试不同的孔加工指令,以探索更优的加工方案。这有助于培养创新思维和实践能力,为未来的职业发展打下坚实的基础。

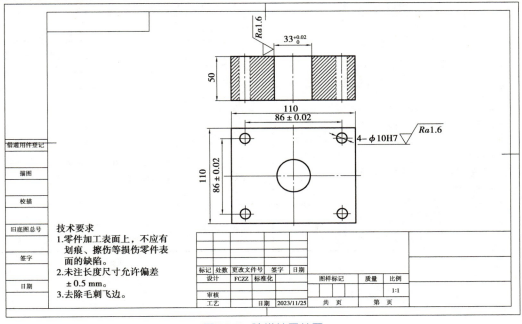

图 14-1　阶梯轴零件图

二、任务目标

（1）会识读数铣加工工艺卡。
（2）会合理选择孔加工的切削参数。
（3）会使用孔加工循环指令编写程序。
（4）会正确操作机床设备独立完成零件加工。
（5）会使用量具对零件尺寸进行检测。

三、知识链接

（一）孔加工方法

孔加工在金属切削中占有很大的比重，应用广泛。在数控铣床上加工孔的方法有很多，根据孔的尺寸精度、位置精度及表面粗糙度等要求，一般有点孔、钻孔、扩孔、锪孔、铰孔、镗孔和铣孔等方法。常用孔的加工方法及所能达到的精度见表14-1。

表14-1　孔加工的方法

序号	加工方法	经济精度 IT	表面粗糙度 $Ra/\mu m$	适用范围
1	钻	11 ~ 13	12.5	加工未淬火钢及铸铁的实心毛坯，可用于加工有色金属。孔径小于15 ~ 20 mm
2	钻→铰	8 ~ 10	1.6 ~ 6.3	
3	钻→粗铰→精铰	7 ~ 8	0.8 ~ 1.6	
4	钻→扩	10 ~ 11	6.3 ~ 12.5	加工未淬火钢及铸铁的实心毛坯，可用于加工有色金属。孔径大于15 ~ 20 mm
5	钻→扩→铰	8 ~ 9	1.6 ~ 3.2	
6	钻→扩→粗铰→精铰	6 ~ 7	0.8 ~ 1.6	
7	钻→扩→机铰→手铰	6 ~ 7	0.2 ~ 0.4	
8	钻→扩→拉	7 ~ 9	0.1 ~ 1.6	大批量生产，精度由拉刀的精度而定
9	粗镗（扩孔）	11 ~ 13	6.3 ~ 12.5	除淬火钢外各种材料、毛坯有铸出或锻出孔
10	粗镗（扩孔）→半精镗（精扩）	9 ~ 10	1.6 ~ 3.2	
11	粗镗（扩孔）→半精镗（精扩）→精镗（铰）	7 ~ 8	0.8 ~ 1.6	
12	粗镗（扩孔）→半精镗（精扩）→精镗→浮动镗刀精镗	6 ~ 7	0.4 ~ 0.8	

续表

序号	加工方法	经济精度 IT	表面粗糙度 $Ra/\mu m$	适用范围
13	粗镗（扩孔）→半精镗→磨孔	7~8	0.2~0.8	主要用于淬火钢，也可用于未淬火钢，但不宜用于有色金属
14	粗镗（扩孔）→半精镗→粗磨孔→精磨孔	6~7	0.1~0.2	
15	粗镗→半精镗→精镗→精细镗（金刚镗）	6~7	0.05~0.400	用于要求较高的有色金属加工
16	钻→（扩）→粗铰→精铰→珩磨 钻→（扩）→拉→珩磨 粗镗半精镗→精镗→珩磨	6~7	0.025~0.200	精度要求很高的孔

（二）孔加工刀具

孔的结构形式、大小、精度要求等多种多样，所用的刀具形式繁多，如图 14-2 所示。

①普通钻头：主要用于精度要求不高的孔的加工，如螺纹底孔、排气孔、螺栓孔等的加工。

②中心钻：主要用于位置精度要求高的孔的定位孔加工。

③沉孔铣刀：主要用于螺栓安装沉孔、弹簧安装沉孔等的加工。

④锪钻：主要用于导柱孔等大直径孔的高效扩孔加工。

⑤镗刀：可用于各种尺寸孔的精加工，如导柱孔、型腔孔等的加工。

⑥丝锥：主要用于各种螺纹孔的攻丝加工。

(a) 普通钻头　　　(b) 中心钻　　　(c) 沉孔铣刀

(d) 锪钻　　　(e) 镗刀　　　(f) 丝锥

图 14-2　孔加工刀具

（三）孔加工循环指令说明

1. 固定循环的 6 个基本动作（图 14-3）

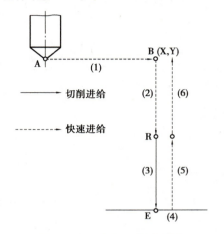

图 14-3　固定循环基本动作

①动作（1）：X 轴和 Y 轴的定位。

②动作（2）：快速移动到 R 点。

③动作（3）：以切削进给的方式执行孔加工的动作。

④动作（4）：在孔底的动作。

⑤动作（5）：返回到 R 点。

⑥动作（6）：快速移动到初始点。

G98 和 G99 两个模态指令控制孔加工循环结束后，刀具分别返回起始点或参考平面（R）。

2. 钻孔循环指令 G81

主轴正转，刀具以进给速度向下运动钻孔，到达孔底位置后，快速退回（无孔底动作）。进刀路线如图 14-4 所示。

格式：G81 X__ Y__ Z__ R__ F__ L__

说明：（1）X，Y 为孔的位置

（2）Z 为孔底位置；

（3）F 为进给速度；

（4）R 为参考平面位置；

（5）L 为重复次数（L=1 时可省略，一般用于多孔加工，故 X 或 Y 应为增量值）。

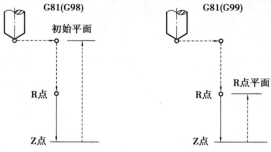

图 14-4　G81 指令进刀路线

3. 沉孔钻削循环指令 G82

该指令与 G81 格式类似,唯一的区别是 G82 在孔底加进给暂停动作,即当钻头加工到孔底位置时,刀具不做进给运动,并保持旋转状态,使孔的表面更光滑。该指令一般用于扩孔和沉头孔加工。进刀路线如图 14-5 所示。

格式:G82 X__ Y__ Z__ R__ P__ F__ L__

说明:P 为在孔底位置的暂停时间,单位为 ms(毫秒),如不指定则同 G81 指令。

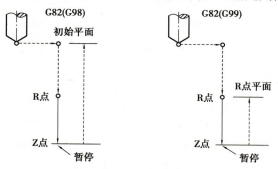

图 14-5　G82 指令进刀路线

钻孔循环指令 G81、沉孔钻削循环指令 G82的区别

4. 深孔加工循环指令 G83

采用间歇进给(分多次进给),每次进给深度为 Q,每向下钻一次孔后,快速退到参照 R 点,退刀量较大,有利于排屑和冷却,进刀路线如图 14-6 所示。

格式:G83 X__ Y__ Z__ R__ Q__ K__ F__ L__ P__

说明:Q 为每次向下的钻孔深度(增量值,取负)。K 为距已加工孔深上方的距离(增量值,取正),注意:K 不能大于 Q。

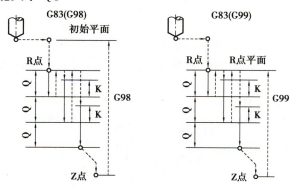

图 14-6　G83 指令进刀路线

5. 高速深孔钻循环指令 G73

采用间段进给(分多次进给),Q 为每次进给深度,K 为每次向上的退刀量,直到孔底位置为止,进刀路线如图 14-7 所示。

格式:G73 X__ Y__ Z__ R__ Q__ P__ K__ F__ L__

说明:K 为每次向上的退刀量(增量值,取正)。

深孔钻孔循环指令 G83、高速深孔啄钻循环指令 G73的区别

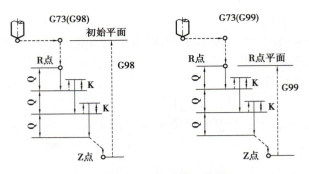

图 14-7　G83 指令进刀路线

6. 铰孔循环指令 G85

主轴正转,刀具以进给速度向下运动铰孔,到达孔底位置后,立即以进给速度退出(没有孔底动作),返回到 R 点平面,适用于半精镗、铰孔和扩孔加工,指令进刀路线如图 14-8 所示。

格式:G85 X__ Y__ Z__ R__ P__ F__ L__

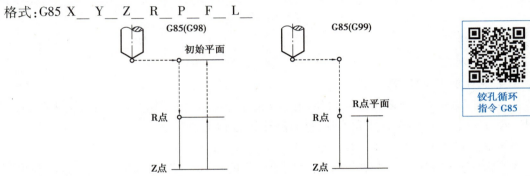

铰孔循环
指令 G85

图 14-8　G85 指令进刀路线

7. 孔循环指令 G86

进刀路线如图 14-9 所示,与 G85 的区别是:G86 在到达孔底位置后,主轴停止,并快速退出,返回到 R 点或初始平面后,主轴再重新启动。此指令适用于精度或表面粗糙度要求不高的孔的镗削加工。

格式:G86 X__ Y__ Z__ R__ F__ L__

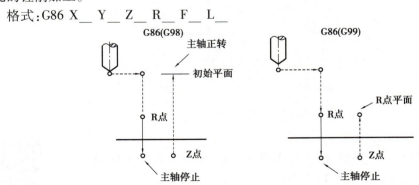

图 14-9　G86 指令进刀路线

8. 精镗孔循环指令 G76

G76 在孔底的动作依次是进给暂停、主轴准停(定向停止)、刀具沿刀尖的反方向偏移,然后快速退出,以减少对已加工表面的损伤,适用于精镗加工,进刀路线如图 14-10 所示。

格式:G76 X__ Y__ Z__ R__ I__ J__ P__ F__ L__

说明:I 为 X 轴方向的偏移量,只能为正值;J 为 Y 轴方向的偏移量,只能为正值;P 为刀具在孔底的暂停时间(ms)。

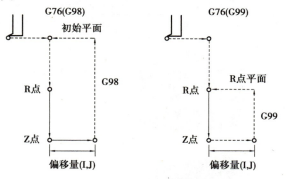

镗孔循环指令 G86、精镗孔循环指令 G76

图 14-10　G76 指令进刀路线

9. 取消固定循环指令 G80

格式:G80

说明:当用 G80 取消孔加工固定循环后,固定循环指令中的孔加工数据也被取消,使那些在固定循环之前的插补模态恢复。

四、任务准备

(一)零件图工艺分析

该零件是孔类零件,加工工艺卡见表 14-2。

表 14-2　机械加工工艺过程卡

零件名称	孔类零件	机械加工工艺过程卡	毛坯种类	钢锭	共 1 页
			材料	45#钢	第 1 页
工序号	工序名称	工序内容		设备	工艺装备
10	备料	备料 110 mm×110 mm×50 mm,保证外形尺寸、垂直度和粗糙度 $Ra3.2$ 要求		VMC850	平口钳
20	钻孔	使用 $\phi31$ 钻头钻孔			
30	钻孔	先使用中心钻定位,再用 $\phi9.8$ 钻头钻 4 个小孔			
40	$\phi33^{+0.02}_{0}$ 粗镗	使用镗孔刀粗镗 $\phi33^{+0.02}_{0}$ 孔,留 0.2 mm 精镗余量			
50	$\phi33^{+0.02}_{0}$ 精镗	使用镗孔刀精镗 $\phi33^{+0.02}_{0}$ 孔,保证尺寸要求			
60	铰孔	使用 $\phi10H7$ 铰刀铰 4-$\phi10H7$ 孔,保证尺寸要求			
70	钳	锐边倒钝,去毛刺		钳台	台虎钳
80	清洗	用清洁剂清洗零件			
90	检验	按图样尺寸检测			
编制		日期		审核	日期

（二）设备、刀具、辅助工量器具

实施本项目所需的设备、刀具、辅助工量器具，见表14-3。

表 14-3 设备、刀具、辅助工量器具表

序号	名称	简图	型号/规格	数量
1	数控铣床		VMC850（机床行程：850 mm×500 mm× 500 mm；最高转速：10 000 r/min；数控系统：华中 HNC818 型）	1
2	平口钳		200 mm	1
3	游标卡尺		0～200 mm	1
4	内测千分尺		25～50 mm	1
5	塞规		ϕ10H7	1
6	中心钻		A3.15	1
7	分中棒		D4×D10×90L	1
8	钻头		ϕ9.8、ϕ31	1

续表

序号	名称	简图	型号/规格	数量
9	镗刀		镗头 32～45	1
10	铰刀		$\phi10H7$	1
11	铜棒		—	1
12	等高垫块	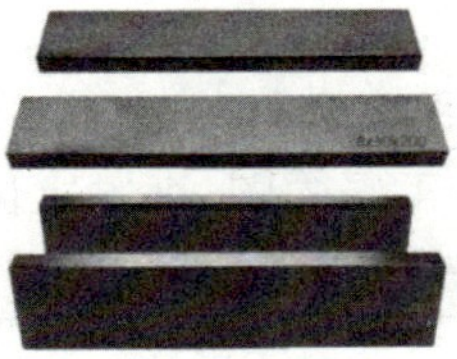	150×16×8、150×20×8、150×24×8、150×28×8、150×32×8、150×35×8、150×40×8、150×45×8、150×50×8	1

（三）加工工艺路线安排

按照基面先行、先面后孔、先粗后精、先主后次的加工顺序安排原则，制订数控铣削加工工艺路线，见表14-4。

表14-4　加工工艺路线

序号	工步名称	图示	序号	工步名称	图示
1	钻孔	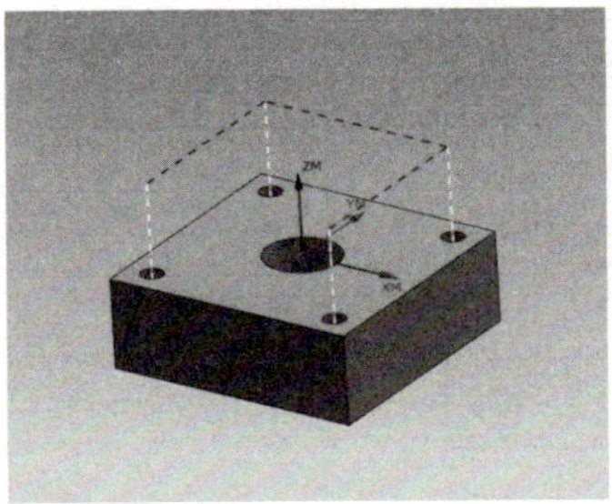	2	粗镗 $\phi33^{+0.02}_{0}$	

续表

序号	工步名称	图示	序号	工步名称	图示
3	精镗 $\phi 33^{+0.02}_{0}$	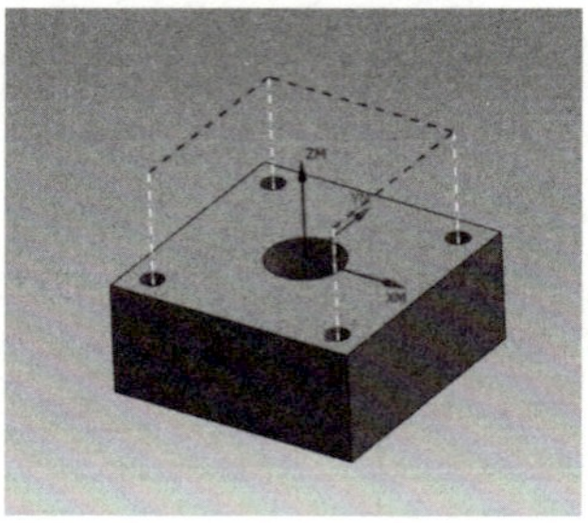	4	铰孔	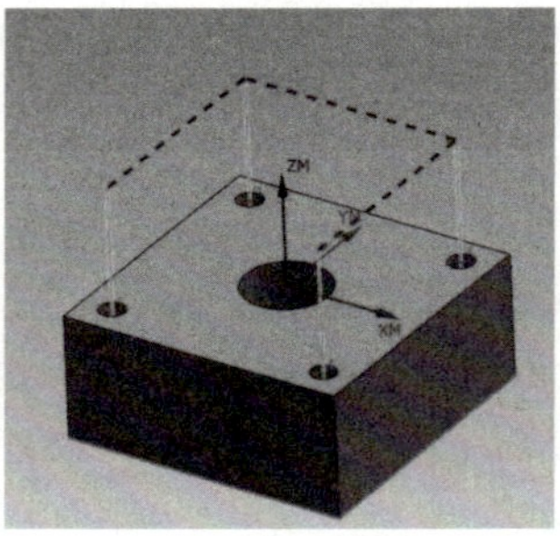

五、任务实施

(一)识读数控加工工序卡(工序号20)

数控加工工序卡是操作人员用数控加工程序进行数控加工的主要指导性工艺资料。数控加工工序卡要反映工步及对应的切削用量、工序简图、夹紧定位位置等,见表14-5。

表14-5 数控加工工序卡

零件名称	孔类零件	数控加工工序卡		工序号	20	工序名称	数铣
材料 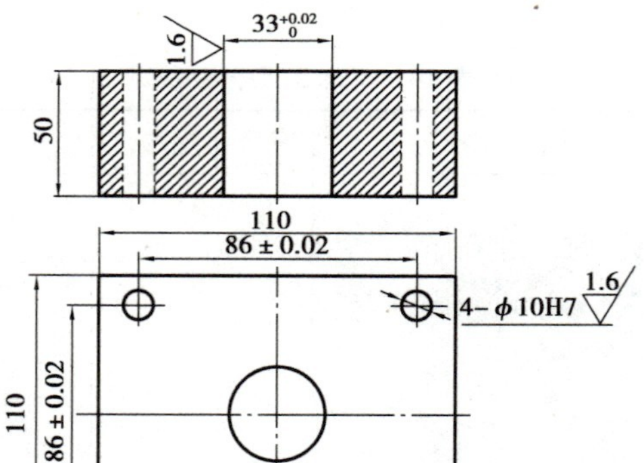	45#钢	毛坯规格 /mm	110×110×50	机床设备	VMC850	夹具	平口钳

续表

工步号	工步内容	刀具号	刀具名称	主轴转速 $n/(\text{r} \cdot \text{min}^{-1})$	进给速度 $f/(\text{mm} \cdot \text{min}^{-1})$	背吃刀量 a_{p}/mm	备注
1	将工件用平口钳进行装夹,注意使用等高垫块垫平,保证工件足够的伸出高度						
2	中心钻定位	Z3.15	中心钻	1 200	80		
3	钻孔 $\phi31$	Z01	钻头	200	40	15.5	
4	钻孔 $\phi9.8$	Z01	钻头	500	60	4.9	
5	粗镗 $\phi33^{+0.02}_{0}$,留 0.2 mm 余量	T01	镗孔刀	600	40	0.8	
6	精镗 $\phi33^{+0.02}_{0}$	T01	镗孔刀	500	30	0.2	
7	铰 $4-\phi10H7$ 孔	Z02	铰刀	450	30	0.2	
8	锐边倒钝,去毛刺						
编制		审核		批准		年　月　日	共　页 第　页

(二)识读数控加工刀具卡

数控加工刀具卡是组装数控加工刀具和调整数控加工刀具的依据。数控加工刀具卡上要反映刀具号、刀具结构、刀杆型号、刀片型号及材料等,见表14-6。

表 14-6　数控加工刀具卡

零件名称	孔类零件		数控加工刀具卡		设备名称	数控铣
工序名称	数铣		工序号		设备型号	VMC850
工步号	刀具号	刀具名称	刀杆规格/mm	刀片材料	刀尖半径/mm	备注
2	Z3.15	中心钻	$\phi8$	高速钢 HSS		
3,4	Z01	钻头	$\phi31,\phi9.8$	高速钢 HSS		
5,6	T01	镗孔刀	镗头 32~45	硬质合金	0.2	
7	Z02	铰刀	$\phi10H7$	高速钢 HSS		
编制		审核		批准		共　页 第　页

(三)数控加工进给路线图

机床刀具运行轨迹图是编程员进行数值计算、编制程序、审查程序和修改程序的主要依据。数控加工进给路线图见表14-7。

表 14-7　数控加工进给路线图

数控加工进给路线图		零件图号		工序号	20	工步号	3	程序号	%1000
机床型号	VMC850	程序段号		加工内容	中心钻定位			共 3 页	第 1 页

数控加工进给路线图		零件图号		工序号	20	工步号	4	程序号	%1000
机床型号	VMC850	程序段号		加工内容	钻中间大孔			共 3 页	第 2 页

数控加工进给路线图		零件图号		工序号	20	工步号	4	程序号	%1000
机床型号	VMC850	程序段号		加工内容	钻 4 个小孔			共 3 页	第 3 页

符号	⊗	●	◕	- - →	→	
含义	循环点	换刀点	编程原点	快速走刀	进给走刀	

(四)节点坐标计算

根据表中的精加工路线图,计算各点坐标,填写在表 14-8 中。

表 14-8　节点坐标

序号	节点坐标	序号	节点坐标	序号	节点坐标
1		3		5	
2		4			

(五)编写加工程序

数控加工程序单是编程员根据工艺分析情况,经过数值计算,按照数控机床规定的指令代码,根据运行轨迹图的数据处理而进行编写的。请填写表 14-9 数控加工程序单。

表 14-9　数控加工程序单

程序号	程序内容	程序说明

(六)加工操作

具体加工操作见表 14-10。

表 14-10　加工操作

序号	操作流程	工作内容及说明	备注
1	机床开机	检查机床→开机→低速热机→回机床参考点	

续表

序号	操作流程	工作内容及说明	备注
2	工件装夹	采用平口钳进行装夹,工件伸出钳口高度大于铣削深度,保证能够安全加工为宜	 (a)一块垫铁　(b)两块垫铁
3	刀具安装	正确安装铣刀,铣刀伸出不宜过长,保证加工深度即可	参照任务十数控铣床刀具安装
4	建立工件坐标系	采用试切法对刀,建立工件坐标系,建议采用手轮模式进行试切,避免撞刀	参照任务十数控铣床及对刀
5	程序输入	将编写的加工程序输入机床数控系统	参照任务九完成程序输入
6	程序校验	锁住机床,使用图形校验功能检查程序	
7	运行程序	先调低倍率单段运行程序,无问题后再调到 100% 倍率加工工件。如有事故立即按下急停按钮	
8	零件检测	使用千分尺测量外圆直径,游标卡尺测量工件长度值	

六、考核评价

具体评价项目及标准见表 14-11。

表 14-11　任务评分标准及检测报告

序号	检测项目	检测内容	配分/分	检测要求	学生自测		教师测评	
					自测尺寸	评分	检测尺寸	评分
1	孔距	86±0.02	10	超差不得分				
2	孔距	86±0.02	10	超差不得分				
3	孔	$\phi33^{+0.02}_{0}$	15	超差不得分				
4	孔	$4-\phi H7$	20	超差不得分				
5	表面粗糙度	$Ra1.6$	5	超差不得分				
6	倒角	未注倒角	3	不符合不得分				
7	去毛刺	是否有毛刺	2	不符合不得分				

续表

序号	检测项目	检测内容	配分/分	检测要求	学生自测		教师测评	
					自测尺寸	评分	检测尺寸	评分
8	机械加工工艺卡的执行情况	是否完全执行工艺卡片	5	不符合不得分				
	刀具选用情况	是否完全执行刀具卡片	5	不符合不得分				
9	现场操作	安全生产	10	违反安全操作规程不得分				
		整理整顿	5	工量刃具摆放不规范不得分				
		清洁清扫	5	机床内外、周边清洁不合格不得分				
		设备保养	5	未正确保养不得分				

七、总结提高

填写表 14-12,分析任务计划和实施过程中的问题及原因并提出解决办法。

表 14-12　任务实施情况分析表

任务实施内容	问题记录	解决办法
加工工艺		
加工程序		
加工操作		
加工质量		
安全文明生产		

八、练习实践

自选毛坯,制订计划,完成如图 14-11 所示零件的加工和检测,填写表 14-13。

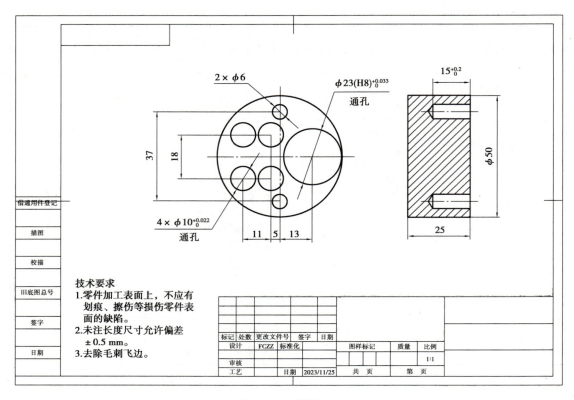

借通用件登记

描图

校描

旧底图总号

签字

日期

技术要求
1.零件加工表面上，不应有划痕、擦伤等损伤零件表面的缺陷。
2.未注长度尺寸允许偏差±0.5 mm。
3.去除毛刺飞边。

标记	处数	更改文件号	签字	日期				
设计		FCZZ	标准化		图样标记	质量	比例	
审核							1:1	
工艺		日期	2023/11/25		共　页		第　页	

图 14-11　零件图

表 14-13　评分标准及检测报告

序号	检测项目	检测内容	配分/分	检测要求	学生自测		教师测评	
					自测尺寸	评分	检测尺寸	评分
1	表面粗糙度	$Ra3.2$（表面）	5	一处不合格扣2分,扣完为止				
2	孔径	$\phi23^{+0.033}_{0}$	10	超差不得分				
		$4\times\phi10^{+0.022}_{0}$	10	超差不得分				
		$2\times\phi6$	5	超差不得分				
3	长度	37	5	超差一处扣1分				
		18	5	超差不得分				
		11	5	超差不得分				
		5	5	超差不得分				
		13	5	超差不得分				
4	孔深	$15^{0}_{-0.05}$	5	超差不得分				

续表

序号	检测项目	检测内容	配分/分	检测要求	学生自测		教师测评	
					自测尺寸	评分	检测尺寸	评分
5	外观	是否有毛刺、损伤	7	不符合不得分				
6	时间	工件按时加工完成	10	不符合不得分				
7	现场操作	安全生产	10	违反安全操作规程不得分				
		整理整顿	4	工量刃具摆放不规范不得分				
		清洁清扫	4	机床内外、周边清洁不合格不得分				
		设备保养	5	未正确保养不得分				

任务十五　综合类零件的数控铣削加工

一、任务描述

在本任务中,我们将完成如图 15-1 所示的零件加工,需要多次装夹,依次加工零件的内外轮廓和孔,是对数控铣削加工工艺知识、编程能力、操作能力的一次全方位的检验。"大国工匠是我们中华民族大厦的基石和栋梁",在数控加工领域,同样涌现出了一批执着专注、作风严谨、精益求精、敬业守信、推陈出新的大国工匠。大国工匠精神不仅体现在个人技能和职业素养上,更体现在他们对工作的热爱和对质量的追求上。他们的成功不仅是个人的成就,更是对国家实体经济和制造业发展的显著贡献。他们不仅提升了国家制造业的水平,也为国家的强盛和民族的复兴发挥了至关重要的作用。

二、任务目标

(1)会识读数控铣削加工工艺卡。
(2)会合理选择数控铣削加工的切削用量。
(3)能合理确定刀具下刀方式。
(4)能合理安排加工工艺路线。
(5)会正确操作机床设备,独立完成零件加工。
(6)会使用量具对零件尺寸进行检测。

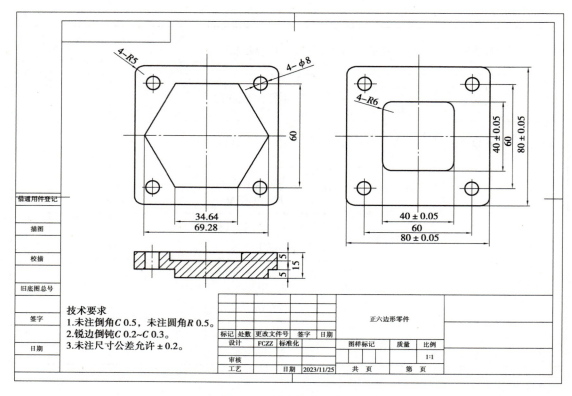

图 15-1　型腔轮廓零件图

三、知识链接

（一）数控加工工艺的编制

1. 工序集中原则

在一次装夹中完成铣、钻、镗、攻丝等加工内容，可以缩短零件加工周期，消除在加工过程中多次装夹造成的误差。箱体类、型腔类零件需多轴控制加工。程序编制贯彻工序集中原则，执行先主后次、先面后孔、先粗后精、自上而下的加工过程。

2. 工序分散原则

为了最大限度地提高数控机床加工效率，保证加工质量，满足加工节奏要求，在大批量的零件加工中采用较多的是工序分散原则，特别是在汽车、摩托车、液压、纺织等零件加工中被广泛采用。

3. 混流加工原则

在中小批量零件加工中，为了缓解加工工件之间的能力平衡问题，一般采用此种方式。其优点是可充分发挥数控机床多工步加工的优势，零件加工配套性好。

4. 粗精加工分开原则

在一些零件生产中由于加工余量较大，为了减少粗加工中的变形，保证加工精度，采用此种方式。

5.根据机床特点确定工艺方法

①刚性机床:安排粗加工或平面加工工序。工艺特点:由于加工设备刚性好、加工方式单一,可以选择优质刀具,实现高效加工,并能保证加工质量。

②柔性机床:即数控机床,安排孔系加工或精加工工序。工艺特点:适应性强,特别是位置精度要求较高的部件,如缸体精镗孔都采用此种工艺方法。

6.编制程序基本原则

编制加工程序是数控加工工艺的一项重要内容。数控机床自动运行,执行的是预先编制的加工程序。编制方法有多种,最终目的:以最合理的工艺方案、最有效的精度保证、最佳的刀具路径,在最短的时间内用最佳的经济手段完成零件加工。

①最合理的工艺方案:指自己最熟悉的加工方法,即以最擅长的工件装夹、最熟练的编程方式、最少的走刀次数、最快捷的去除方式、最方便的工件自检,在规定时间内完成零件加工的工艺方案。

②最有效的精度保证:精度是零件加工中最重要的指标,精度决定零件价值。保证加工精度是数控加工的主要目的。从实际出发合理安排加工顺序和粗精加工余量,适时调整切削参数,注意装夹对工件加工精度的影响,充分利用量检具和数控系统功能,及时对工件进行直接或间接测量,从而保证工件加工精度和配合精度。

③最佳的刀具路径:指在保证加工精度和表面粗糙度的前提下,数值计算最简单、走刀路线最短、空行程最少、编程量最小、程序最短、简单易行的刀具路径。根据零件外形和夹压位置选择刀具路径,就近定位,减少空行程,在确保加工精度的条件下,选择最短的刀具运行轨迹。

④最短的时间:熟练快捷地操作,合理使用刀具,优选切削用量,粗精加工分开,争取在最短的时间内完成加工。

(二)数控加工工序规划

加工工序规划是对于整个工艺过程而言的,不能以某一工序的性质或某一表面的加工来判断。例如,有些定位基准面,在半精加工阶段,甚至在粗加工阶段中就需加工得很准确。有时为了避免尺寸链换算,在粗加工阶段,也可以安排某些次要表面的半精加工。

1.加工工序划分的方法

在数控机床上加工的零件,一般按工序集中的原则划分工序,划分方法有以下几种:

①按所使用刀具划分。以同一把刀具完成的工艺过程作为一道工序,这种划分方法适用于工件待加工表面较多的情形。加工中心常采用这种方法完成。

②按工件安装次数划分。以零件一次装夹能够完成的工艺过程作为一道工序,这种划分方法适合于加工内容不多的零件。在保证零件加工质量的前提下,一次装夹完成全部的加工内容。

③按粗精加工划分。将粗加工中完成的那一部分工艺过程作为一道工序,将精加工中完成的那一部分工艺过程作为另一道工序,这种划分方法适用于零件有强度和硬度要求,需要进行热处理或零件精度的要求较高,需要有效去除内应力,以及零件加工后变形较大,需要按粗、精加工阶段进行划分的零件加工。

④按加工部位划分。将完成相同面的那一部分工艺过程作为一道工序。对于加工表面多且比较复杂的零件,应合理安排数控加工、热处理和辅助工序的顺序,并解决好工序间的

衔接问题。

2.加工工序划分的原则

①先粗后精的原则。表面加工顺序按照粗加工、半精加工、精加工和光整加工的顺序进行,目的是逐步提高零件加工表面的精度和表面质量。如果零件的全部表面均由数控机床加工,工序安排一般按粗加工、半精加工、精加工的顺序进行,即粗加工全部完成后再进行半精加工和精加工。粗加工时可快速去除大部分加工余量,之后再依次半精加工、精加工各个表面,这样既可以提高生产效率,又可以保证零件的加工精度和表面粗糙度。

②基准面先加工的原则。加工一开始,总是把用作精加工基准的表面先加工出来,因为定位基准的表面精确,装夹误差就小。所以任何零件的加工过程总是先对定位基准面进行粗加工和半精加工,必要时还要进行精加工。

③先面后孔的原则。箱体类、支架类、机体类等零件平面轮廓尺寸较大,用平面定位比较稳定可靠,故应先加工平面,后加工孔。

④先内后外的原则。外圆与孔的同轴度要求较高的零件,一般采用先孔后外圆的原则,即先以外圆作为定位基准加工孔,再以精度较高的孔作为定位基准加工外圆,这样既可以保证外圆和孔之间具有较高的同轴度要求,而且使用的夹具结构也很简单。

⑤减少换刀次数的原则。零件装夹后,应尽可能使用同一把刀具完成较多的加工表面。当一把刀具完成可能加工的所有部位后,尽量为下道工序做些预加工,然后再换刀完成半精加工、精加工或加工其他部位。

⑥连续加工的原则。如果设备由于数控程序安排出现突然进给停顿的现象,那么切削力会明显减小,就会失去原工艺系统的稳定状态,使刀具在停顿处留下划痕或凹痕。

四、任务准备

(一)零件图工艺分析

该零件材料为 2A12 铝锭,尺寸为 85 mm×85 mm×20 mm,无热处理和硬度要求。该零件的加工面由正反两面外轮廓、型腔及孔组成,结构比较简单,是典型的二维铣削加工零件。因此采用平口钳进行装夹,按照先粗后精、先面后孔的原则制订加工工艺卡,见表 15-1。

表 15-1　机械加工工艺过程卡

零件名称	正六边形零件	机械加工工艺过程卡	毛坯种类	铝锭	共 1 页
			材料	2A12	第 1 页
工序号	工序名称	工序内容		设备	工艺装备
10	备料	备料 85 mm×85 mm×20 mm,保证外形尺寸、垂直度和粗糙度 Ra6.3 要求			
20	粗、精铣削平面	按照平面铣削方法完成上平面的加工,保证粗糙度要求		VMC850	平口钳
30	粗铣外轮廓	按照一般轮廓铣削的方法完成 80 mm×80 mm 外轮廓的加工,留精加工余量 0.2 mm		VMC850	平口钳

续表

工序号	工序名称	工序内容	设备	工艺装备
40	精铣外轮廓	按照一般轮廓铣削方法完成 80 mm×80 mm 外轮廓的加工,保证表面粗糙度和尺寸精度要求。	VMC850	平口钳
50	粗铣内轮廓	按照一般轮廓铣削方法完成 40 mm×40 mm 内轮廓的加工,留精加工余量 0.2 mm	VMC850	平口钳
60	精铣内轮廓	按照一般轮廓铣削的方法完成 40 mm×40 mm 内轮廓的加工,保证表面粗糙度和尺寸精度要求	VMC850	平口钳
70	钻孔	按照孔加工方法完成 4 个 $\phi8$ 孔的加工,保证尺寸精度要求	VMC850	平口钳
80	翻面装夹			
90	粗、精铣削平面	按照平面铣削方法完成上平面的加工,保证表面粗糙度、工件厚度符合尺寸精度要求	VMC850	平口钳
100	粗铣外轮廓	按照一般轮廓铣削方法完成正六边形轮廓的加工,留精加工余量 0.2 mm	VMC850	平口钳
110	精铣外轮廓	按照一般轮廓铣削方法完成正六边形轮廓的加工,保证表面粗糙度和尺寸精度要求	VMC850	平口钳
120	钳	锐边倒钝,去毛刺	钳台	台虎钳
130	清洗	用清洁剂清洗零件		
140	检验	按图样尺寸检测		
编制		日期	审核	日期

(二)设备、刀具、辅助工量器具

实施本项目所需的设备、刀具、辅助工量器具,见表 15-2。

表 15-2 设备、刀具、辅助工量器具表

序号	名称	简图	型号/规格	数量
1	数控铣床		VMC850(机床行程:850 mm×500 mm×500 mm;最高转速:10 000 r/min;数控系统:华中 HNC818 型)	1

续表

序号	名称	简图	型号/规格	数量
2	平口钳		200 mm	1
3	游标卡尺		0 ~ 200 mm	1
4	外径千分尺		25 ~ 50 mm 50 ~ 75 mm 75 ~ 100 mm	1
5	内测千分尺		25 ~ 50 mm	1
6	立铣刀		D10R0	1
7	钻头		$\phi 8$	1
8	分中棒		D4×D10×90L	1
9	铜棒			1
10	等高垫块		150×16×8、150×20×8、150×24×8、 150×28×8、150×32×8、150×35×8、 150×40×8、150×45×8、 150×50×8	1

（三）加工工艺路线安排

按照先粗后精的加工顺序安排原则,制订数控铣削加工工艺路线,见表15-3。

表 15-3　加工工艺路线

序号	工步名称	图示	序号	工步名称	图示
1	粗、精铣平面		6	钻孔	
2	粗铣外轮廓		7	粗、精铣平面	
3	精铣外轮廓		8	粗铣正六边形轮廓	
4	粗铣内轮廓		9	精铣正六边形轮廓	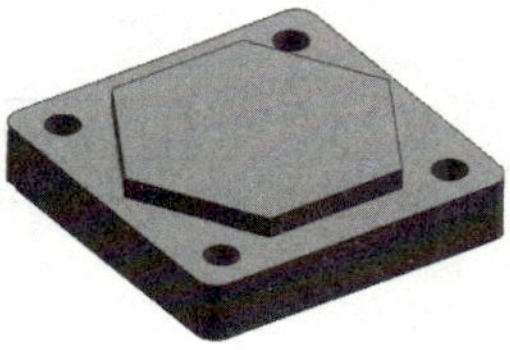
5	精铣内轮廓				

五、任务实施

(一)识读数控加工工序卡(工序号20)

数控加工工序卡是操作人员用数控加工程序进行数控加工的主要指导性工艺资料。数控加工工序卡要反映工步及对应的切削用量、工序简图、夹紧定位位置等,见表15-4。

表15-4　数控加工工序卡

零件名称	正六边形零件		数控加工工序卡		工序号	20	工序名称	数铣
材料	2Φ12	毛坯规格/mm	85×85×20		机床设备	VMC850	夹具	平口钳

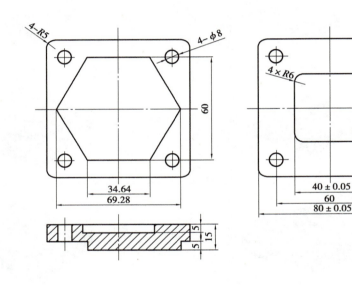

工步号	工步内容	刀具号	刀具名称	主轴转速 $n/(\text{r} \cdot \text{min}^{-1})$	进给速度 $f/(\text{mm} \cdot \text{min}^{-1})$	背吃刀量 a_{p}/mm	备注
1	当工件用平口钳进行装夹时,应使用等高垫块垫平,保证工件足够的伸出高度						
2	粗、精铣平面	D01	立铣刀 D20R0	800	100	9	

续表

工步号	工步内容	刀具号	刀具名称	主轴转速 $n/(\text{r}\cdot\text{min}^{-1})$	进给速度 $f/(\text{mm}\cdot\text{min}^{-1})$	背吃刀量 a_p/mm	备注
3	粗铣外轮廓	D02	立铣刀 D10R0	500	150	5	
4	精铣外轮廓	D02	立铣刀 D10R0	800	100	0.2	
5	粗铣内轮廓	D02	立铣刀 D10R0	500	120	5	
6	精铣内轮廓	D02	立铣刀 D10R0	800	100	0.2	
7	钻孔	D03	钻头 $\phi8$	500	30	4	
8	当工件翻面用平口钳进行装夹时,应使用等高垫块垫平,保证工件足够的伸出高度						
9	粗、精铣平面	D01	立铣刀 D20R0	800	100	9	
10	粗铣正六边形轮廓	D01	立铣刀 D20R0	500	150	10	
11	精铣正六边形轮廓	D01	立铣刀 D20R0	800	100	0.2	
12	锐边倒钝,去毛刺						
编制　　　审核		批准		年　月　日	共　页	第　页	

(二)识读数控加工刀具卡

数控加工刀具卡是组装数控加工刀具和调整数控加工刀具的依据。数控加工刀具卡上要反映刀具号、刀具结构、刀杆型号、刀片型号及材料等,见表15-5。

表 15-5　数控加工刀具卡

零件名称	正六边形零件		数控加工刀具卡		设备名称	数控铣床
工序名称	数铣		工序号	20	设备型号	VMC850
工步号	刀具号	刀具名称	刀杆规格/mm	刀片材料	刀尖半径/mm	备注
2,9,10,11	D01	立铣刀 D20R0	$\phi 20$	高速钢	0	
3,4,5,6	D02	立铣刀 D10R0	$\phi 10$	高速钢	0	
7	D03	钻头 $\phi 8$	$\phi 8$	高速钢	0	
编制		审核		批准	共　页	第　页

（三）数控加工进给路线图

机床刀具运行轨迹图是编程员进行数值计算、编制程序、审查程序和修改程序的主要依据。根据学习的知识将数控加工进给路线图填写在表 15-6 中。

表 15-6　数控加工进给路线图

数控加工进给路线图		零件图号		工序号	20	工步号	2	程序号	O0001
机床型号	VMC850	程序段号		加工内容	粗、精铣平面			共　页	第 1 页

数控加工进给路线图		零件图号		工序号	20	工步号	3	程序号	O0002
机床型号	VMC850	程序段号		加工内容	粗铣外轮廓			共　页	第 2 页

数控加工进给路线图		零件图号		工序号	20	工步号	4	程序号	O0003
机床型号	VMC850	程序段号		加工内容		精铣外轮廓		共　页	第 3 页

数控加工进给路线图		零件图号		工序号	20	工步号	5	程序号	O0004
机床型号	VMC850	程序段号		加工内容		粗铣内轮廓		共　页	第 4 页

数控加工进给路线图		零件图号		工序号	20	工步号	6	程序号	O0005
机床型号	VMC850	程序段号		加工内容		精铣内轮廓		共　页	第 5 页

续表

数控加工进给路线图		零件图号		工序号	20	工步号	7	程序号	O0006
机床型号	VMC850	程序段号		加工内容	钻孔			共 页	第 6 页
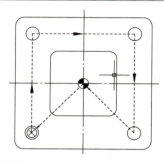									

数控加工进给路线图		零件图号		工序号	20	工步号	9	程序号	O0007
机床型号	VMC850	程序段号		加工内容	粗、精铣平面			共 页	第 7 页
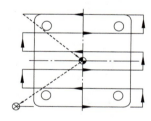									

数控加工进给路线图		零件图号		工序号	20	工步号	10	程序号	O0008
机床型号	VMC850	程序段号		加工内容	粗铣正六边形轮廓			共 页	第 8 页
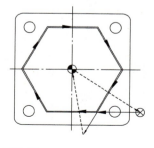									

续表

数控加工进给路线图		零件图号		工序号	20	工步号	11	程序号	O0009
机床型号	VMC850	程序段号		加工内容	精铣正六边形轮廓			共　页	第 9 页

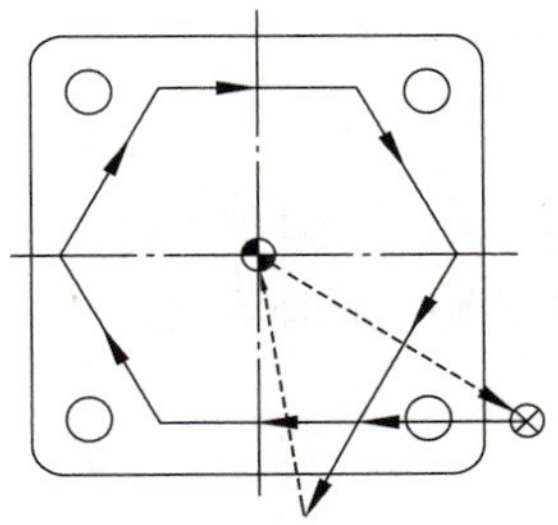

符号	$\otimes$	◐	- - - →	──→		
含义	下刀点	编程原点	快速走刀	进给走刀		

(四) 编写加工程序

　　数控加工程序单是编程员根据工艺分析情况,经过数值计算,按照数控机床规定的指令代码,根据运行轨迹图的数据处理而进行编写的。请填写表 15-7 数控加工程序单。

表 15-7　数控加工程序单

程序号	程序内容	程序说明

（五）加工操作

具体加工操作见表15-8。

表15-8　加工操作

序号	操作流程	工作内容及说明	备注
1	机床开机	检查机床→开机→低速热机→回机床参考点	
2	工件装夹	采用平口钳进行装夹，工件伸出钳口高度大于铣削深度，保证能够安全加工为宜	 （a）一块垫铁　　（b）两块垫铁
3	刀具安装	正确安装铣刀，铣刀伸出不宜过长，保证加工深度即可	参照任务十数控铣床刀具安装
4	建立工件坐标系	采用试切法对刀，建立工件坐标系，建议采用手轮模式进行试切，避免撞刀	参照任务十数控铣床及对刀
5	程序输入	将编写的加工程序输入机床数控系统	参照任务九完成程序输入
6	程序校验	锁住机床，使用图形校验功能检查程序	
7	运行程序	先调低倍率单段运行程序，无问题后再调到100%倍率加工工件。如有事故应立即按下急停按钮	
8	零件检测	使用千分尺测量外圆直径，游标卡尺测量工件长度值	

六、考核评价

具体评价项目及标准见表15-9。

表 15-9　任务评分标准及检测报告

序号	检测项目	检测内容	配分/分	检测要求	学生自测		教师测评	
					自测尺寸	评分	检测尺寸	评分
1	型腔轮廓	80×80（2 处）	10	超差不得分				
2		60×60（3 处）	15	超差不得分				
3		40×40（2 处）	10	超差不得分				
4		15	5	超差不得分				
5		5（2 处）	4	超差不得分				
6		4-ϕ8	8	超差不得分				
7		4-R5	8	超差不得分				
8	表面粗糙度	Ra3.2	5	超差不得分				
9	倒角	未注倒角	3	不符合不得分				
10	去毛刺	是否有毛刺	2	不符合不得分				
11	机械加工工艺卡执行情况	是否完全执行工艺卡片	5	不符合不得分				
	刀具选用情况	是否完全执行刀具卡片	5	不符合不得分				
12	现场操作	安全生产	10	违反安全操作规程不得分				
		整理整顿	5	工量刃具摆放不规范不得分				
		清洁清扫	3	机床内外、周边清洁不合格不得分				
		设备保养	2	未正确保养不得分				

七、总结提高

填写表 15-10，分析任务计划和实施过程中的问题及原因并提出解决办法。

表 15-10　任务实施情况分析表

任务实施内容	问题记录	解决办法
加工工艺		
加工程序		

续表

任务实施内容	问题记录	解决办法
加工操作		
加工质量		
安全文明生产		

八、练习实践

自选毛坯,制订计划,完成如图 15-2 所示零件的加工和检测,填写表 15-11。

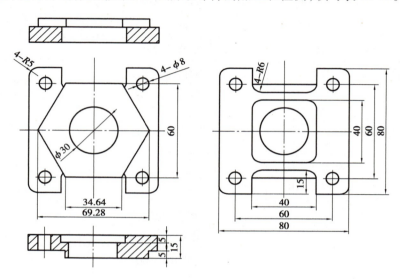

图 15-2 零件图

表 15-11 评分标准及检测报告

序号	检测项目	检测内容	配分/分	检测要求	学生自测		教师测评	
					自测尺寸	评分	检测尺寸	评分
1	型腔轮廓	80×80(2 处)	10	超差不得分				
2		60×60(3 处)	15	超差不得分				
3		40×40(4 处)	10	超差不得分				
4		ϕ30	5	超差不得分				
5		15	5	超差不得分				
6		5(2 处)	4	超差不得分				
7		4-ϕ8	8	超差不得分				
8		4-R6	4	超差不得分				
9		4-R5	4	超差不得分				

续表

序号	检测项目	检测内容	配分/分	检测要求	学生自测		教师测评	
					自测尺寸	评分	检测尺寸	评分
10	表面粗糙度	$Ra3.2$	5	超差不得分				
11	倒角	未注倒角	3	不符合不得分				
12	去毛刺	是否有毛刺	2	不符合不得分				
13	机械加工工艺卡执行情况	是否完全执行工艺卡片	5	不符合不得分				
	刀具选用情况	是否完全执行刀具卡片	5	不符合不得分				
14	现场操作	安全生产	5	违反安全操作规程不得分				
		整理整顿	5	工量刃具摆放不规范不得分				

项目三

数控车铣综合加工技能训练

任务十六　数控车削 CAD/CAM 编程与加工

一、任务描述

在本任务中,我们将使用 CAD/CAM(计算机辅助设计/计算机辅助制造)软件完成如图 16-1 所示的零件车削加工。CAD/CAM 软件在数控加工领域中扮演着重要角色。CAD 负责精确创建产品的三维模型,而 CAM 则根据这些模型自动编程,并生成数控机床可识别的加工指令,极大地缩短了从设计到生产的周期,满足了工业制造领域对高效率和高精度的需求。

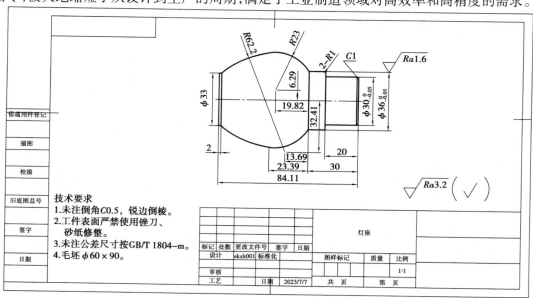

图 16-1　灯座零件图

二、任务目标

（1）能阐述自动编程的优、缺点。
（2）能使用软件进行建模。
（3）能正确设置加工参数。
（4）能正确调整加工过程中的切削参数。
（5）能熟练操作数控机床进行零件加工。

三、知识链接

（一）Mastercam 自动编程软件概述

Mastercam 是美国 CNC Software Inc. 公司开发的基于 PC 平台的 CAD/CAM 软件。它集二维绘图、三维实体造型、曲面设计、体素拼合、数控编程、刀具路径模拟及真实感模拟等多种功能于一身。它具有方便直观的几何造型。Mastercam 提供了设计零件外形所需的理想环境，其强大稳定的造型功能可设计出复杂的曲线和曲面零件。Mastercam 9.0 以上的版本不仅支持中文环境，而且价位适中。对于广大的中小企业来说是理想的选择，是经济有效的全方位的软件系统，是工业界及学校广泛应用的 CAD/CAM 系统。Mastercam 不但具有强大稳定的造型功能，可设计出复杂的曲线、曲面零件，而且具有强大的曲面粗加工及灵活的曲面精加工功能。其可靠的刀具路径检验功能使 Mastercam 可模拟零件加工的整个过程，模拟中不但能显示刀具和夹具，还能检查出刀具和夹具与被加工零件的干涉、碰撞情况，真实反映加工过程中的实际情况，不愧为一优秀的 CAD/CAM 软件。同时 Mastercam 对系统运行环境要求较低，使用户无论是在造型设计、CNC 铣床、CNC 车床或 CNC 线切割等加工操作中，都能获得最佳效果，Mastercam 软件已被广泛应用于通用机械、航空、船舶、军工等行业的设计与 NC 加工，从 20 世纪 80 年代末起，我国就引进了这款著名的 CAD/CAM 软件，为我国的制造业迅速崛起作出了巨大的贡献。

（二）工作界面功能简介

启动 Mastercam 2022 软件，进入工作界面，工作界面包括快速访问栏、菜单栏、操作管理器、选择条工具栏、绘图区、快速选择分类栏和状态栏，如图 16-2 所示。

1. 快速访问栏

在 Mastercam 2022 用户界面中，快速访问栏用于显示软件版本，包括新建、保存、另存为、打印和撤销等操作，直接单击即可。

2. 菜单栏

菜单栏中分别有文件、主页、线框、曲面、实体、模型准备等功能，每一个菜单功能下面都有相应的子菜单，直接单击选择即可显示相应的子菜单功能。

3. 操作管理器

操作管理器中分别有刀路、实体、平面、层别等不同管理设置。

4. 选择条工具栏

选择条工具栏主要是方便切换工作中选择的点线面等，光标放上去即可高亮显示。

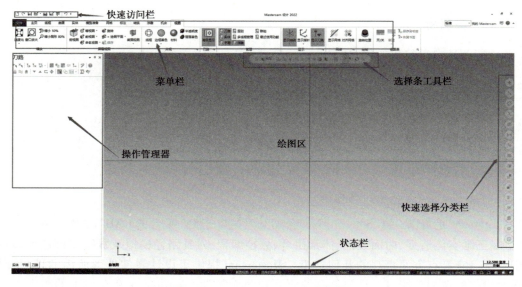

图 16-2　Mastercam 2022 工作界面

5. 绘图区

绘图区、软件操作区域、软件和用户交流的窗口。用于显示绘图后的效果、分析结果和刀具路径结果等。

6. 快速分类栏

快速选择所有点、所有线段、所有圆弧、所有标注、所有颜色等。

7. 状态栏

状态栏分别显示当前游标位置、构图面、刀具面,2D、3D 的切换。

四、任务准备

(一)灯座零件的刀路创建和后处理

1. 创建灯座零件右端的二维模型

如图 16-3 所示,使用 Mastercam 2022 软件创建零件右端的二维模型。

CAD/CAM软件
车削零件绘图

CAD/CAM软件
车削零件编程

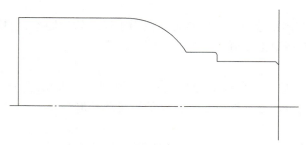

图 16-3　灯座零件右端的二维模型

2. 加工机床选择

如图 16-4 所示,该零件为回转体零件,需要进行车削加工,因此创建刀路前选择机床,操作步骤:选择"机床"→"车床"→"默认"。

图 16-4　机床选择

3. 毛坯设置

如图 16-5 所示,选择操作管理器中的"刀路"→"毛坯设置",弹出"机床群组属性"对话框,如图 16-6 所示,在"毛坯设置"选项中选择"左侧主轴"→"参数",弹出毛坯设置对话框,如图 16-7 所示,设置毛坯外径为 60 mm,长度为 90 mm。轴向位置 Z 可以设置为 0,也可以设置为 1 mm,表示零件右端面有 1 mm 的加工余量,单击"√"确认,设置的毛坯图形如图 16-8 所示。

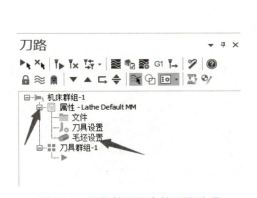

图 16-5　操作管理器中的刀路选项

图 16-6　毛坯设置

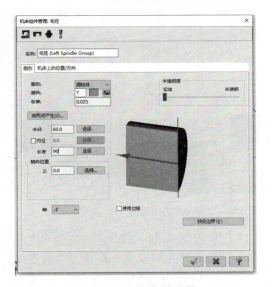

图 16-7　毛坯参数设置

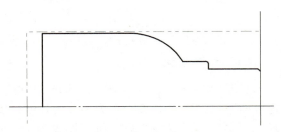

图 16-8　毛坯

219

4. 创建右端外轮廓粗加工路径

在"车削"菜单栏中，选择"粗车"，弹出"线框串连"对话框，选择"部分串连"，如图 16-9 所示，串连粗车加工的外轮廓图素，如图 16-10 所示，确认后出现"粗车"切削参数设置对话框。

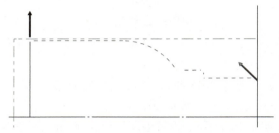

图 16-9　创建粗车模式、线框串连　　　　　　图 16-10　串连粗车加工的外轮廓图素

"粗车"切削参数设置对话框，如图 16-11 所示，选择外圆车刀（右偏刀），设置"进给速率"为 200 mm/min，"主轴转速"为 500 r/min，打开"参考点"设置对话框，设置刀具的进、退位置，如图 16-12 所示。

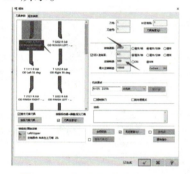

图 16-11　粗车切削参数设置　　　　　　图 16-12　参考点设置

选择"粗车参数"选项，轴向分层切削选择"等距步进"，切削深度为 2 mm，X 预留量为 0.2 mm，Z 预留量可以不留精加工余量，如图 16-13 所示。

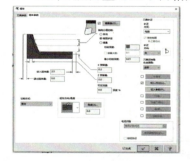

图 16-13　粗车参数设置　　　　　　图 16-14　切入/切出设置

打开"切入/切出"对话框，如图 16-14 所示，"切入"选项设置车削刀具"进入向量"，"固定方向"选择"无"，角度设置为−135°，长度设置为 2 mm；"切出"选项设置车削刀具"退刀向量"，"固定方向"选择"无"，角度设置为 45°，长度设置为 2 mm，勾选"延长/缩短结束外形线"，设置"数量"为 2 mm，选择"延伸"。

打开"切入参数"对话框,设置"车削切入参数",如图16-15所示,选择第三个车削切入设置选项,车削外形凹槽部分,端面凹槽部分不切削,生成粗车外轮廓刀具路径,如图16-16所示。

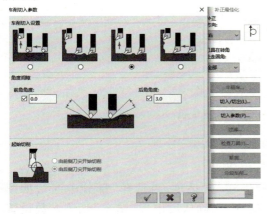

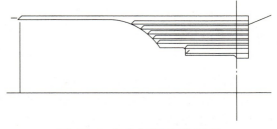

图16-15　切入参数设置　　　　　　　图16-16　粗车外轮廓刀具路径

在菜单栏中选择"机床",找到"模拟"选项,如图16-17所示。进行刀路模拟和实体仿真,如图16-18、图16-19所示,先检查刀路是否正确,再在刀路中选择"粗车"进行程序后处理,生成G代码,如图16-20所示。

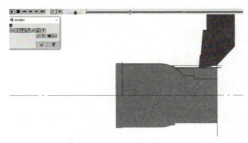

图16-17　模拟　　　　　　　　　　图16-18　刀路模拟

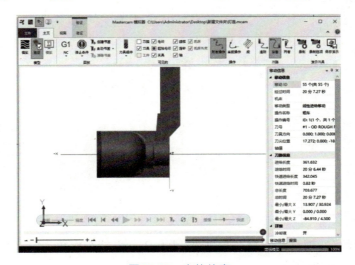

图16-19　实体仿真

图 16-20　程序后处理、生成 G 代码

5. 创建右端外轮廓精加工路径

在"车削"菜单栏中,选择"精车",弹出"线框串连"对话框,再选择"部分串连",如图 16-21 所示,串连精车加工的外轮廓图素,如图 16-22 所示,确认后出现"精车"切削参数设置对话框。

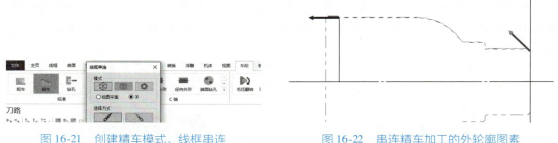

图 16-21　创建精车模式、线框串连　　　　图 16-22　串连精车加工的外轮廓图素

"精车"切削参数设置对话框,如图 16-23 所示,选择外圆车刀(右偏刀),设置"进给速率"为 100 mm/min,"主轴转速"为 1 000 r/min,打开"参考点"设置对话框,设置刀具的进、退位置,如图 16-24 所示。

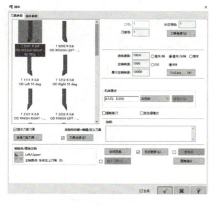

图 16-23　"精车"切削参数设置

图 16-24　参考点设置

选择"精车参数"选项,设置"精车步进量"为 0.3 mm,精车次数为"1",X 预留量为"0",Z 预留量为"0",如图 16-25 所示。

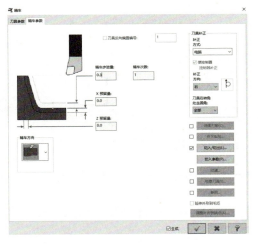

图 16-25　精车参数设置

图 16-26　切入/切出设置

打开"切入/切出"对话框,如图 16-26 所示,"切入"选项设置车削刀具"进入向量","固定方向"选择"相切",长度设置为 2 mm。

打开"切入参数"对话框,设置"车削切入参数",如图 16-27 所示,选择第三个车削切入设置选项,车削外形凹槽部分,端面凹槽部分不切削,生成精车外轮廓刀具路径,如图 16-28 所示;菜单栏中选择"机床",找到"模拟"选项,进行刀路模拟和实体仿真,检查刀路是否正确;再在刀路中选择"精车"进行程序后处理,生成 G 代码。

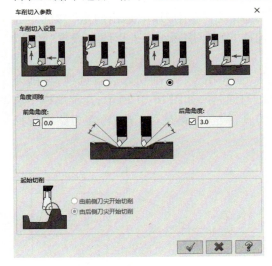

图 16-27　车削切入参数

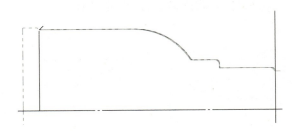

图 16-28　精车外轮廓刀具路径

6. 创建灯座零件左端的二维模型

如图 16-29 所示,使用 Mastercam 2022 软件创建零件左端的二维模型,参照步骤(三)进行毛坯设置。

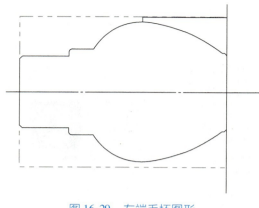

图 16-29　左端毛坯图形　　　　　　图 16-30　串连粗车加工的外轮廓图素

7. 创建左端外轮廓粗加工路径

在"车削"菜单栏中，选择"粗车"，弹出"线框串连"对话框，选择"部分串连"，串连粗车加工的外轮廓图素，如图 16-30 所示，确认后出现"粗车"切削参数设置对话框。

"粗车"切削参数设置对话框，选择外圆车刀（右偏刀），设置"进给速率"为 200 mm/min，"主轴转速"为 500 r/min，打开"参考点"设置对话框，设置刀具的进、退位置。

选择"粗车参数"选项，轴向分层切削选择"等距步进"，切削深度为 2 mm，X 预留量为 0.2 mm，Z 预留量可以不留精加工余量。

打开"切入/切出"对话框，"切入"选项设置车削刀具"进入向量"，"固定方向"选择"无"，角度设置为 -135°，长度设置为 2 mm；"切出"选项设置车削刀具"退出向量"，"固定方向"选择"无"，角度设置为 45°，长度设置为 2 mm，勾选"延长/缩短结束外形线"，设置"数量"为 2 mm，选择"延伸"。

打开"切入参数"对话框，设置"车削切入参数"，选择第三个车削切入设置选项，车削外形凹槽部分，端面凹槽部分不切削，生成粗车外轮廓刀具路径，如图 16-31 所示；在菜单栏中选择"机床"，找到"模拟"选项，进行刀路模拟和实体仿真，检查刀路是否正确；再在刀路中选择"粗车"进行程序后处理，生成 G 代码。

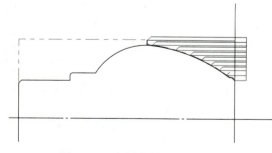

图 16-31　左端外轮廓粗车路径　　　　　图 16-32　串连精车加工的外轮廓图素

8. 创建左端外轮廓精加工路径

在"车削"菜单栏中，选择"精车"，弹出"线框串连"对话框，选择"部分串连"，串连精车加工的外轮廓图素，如图 16-32 所示，确认后出现"精车"切削参数设置对话框。

"精车"切削参数设置对话框，选择外圆车刀（右偏刀），设置"进给速率"为 100 mm/min，

"主轴转速"为 1 000 r/min,打开"参考点"设置对话框,设置刀具的进、退位置。

选择"精车参数"选项,设置"精车步进量"为 0.3 mm,精车次数为"1",X 预留量为"0",Z 预留量为"0"。

打开"切入/切出"对话框,"切入"选项设置车削刀具"进入向量","固定方向"选择"相切",长度设置为 2 mm。

打开"切入参数"对话框,设置"车削切入参数",选择第三个车削切入设置选项,车削外形凹槽部分,端面凹槽部分不切削,生成精车外轮廓刀具路径,如图 16-33 所示;在菜单栏中选择"机床",找到"模拟"选项,进行刀路模拟和实体仿真,检查刀路是否正确;再在刀路中选择"精车"进行程序后处理,生成 G 代码。

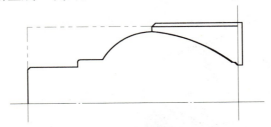

图 16-33　精车外轮廓刀具路径

(二)设备、刀具、辅助工量器具

实施本项目所需的设备、刀具、辅助工量器具,见表 16-1。

表 16-1　设备、刀具、辅助工量器具表

序号	名称	简图	型号/规格	数量
1	数控车床		CAK6136(机床行程:750 mm;最高转速:3 000 r/min;数控系统:华中 HNC818 型)	1
2	自定心卡盘		200 mm	1
3	游标卡尺		0～200 mm	1
4	千分尺		25～50 mm	1

续表

序号	名称	简图	型号/规格	数量
5	外圆车刀		35°右偏刀	1
6	卡盘扳手			1
7	刀台扳手			1
8	刀杆垫片		0.5,1,2,5,10 mm 等若干	

五、任务实施

（一）识读数控加工工序卡

数控加工工序卡是操作人员用数控加工程序进行数控加工的主要指导性工艺资料。数控加工工序卡要反映工步及对应的切削用量、工序简图、夹紧定位位置等,见表16-2。

表16-2　数控加工工序卡

零件名称	灯座	数控加工工序卡		工序号	1	工序名称	数车
材料 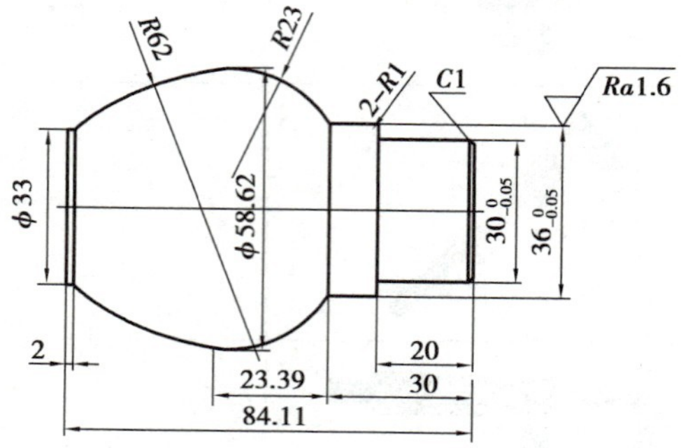	45#钢	毛坯规格/mm	φ60×90	机床设备	CAK6136	夹具	三爪卡盘

续表

工步号	工步内容	刀具号	刀具名称	主轴转速 $n/(\mathrm{r} \cdot \mathrm{min}^{-1})$	进给速度 $f/(\mathrm{mm} \cdot \mathrm{min}^{-1})$	背吃刀量 a_p/mm	备注
1	将工件用自定心卡盘夹紧,伸出长度约 60 cm						
2	车右端面	T01	35°外圆刀	1 000	100	0.5	
3	粗车右端外形轮廓,X 方向留 0.3 mm 加工余量	T01	35°外圆刀	500	200	2	
4	精车右端外形轮廓,保证车床及粗糙度	T01	35°外圆刀	1 000	100	0.3	
5	车左端面,保证总长	T01	35°外圆刀	1 000	100	0.5	
6	粗车左端外形轮廓,X 方向留 0.3 mm 加工余量	T01	35°外圆刀	500	200	2	
7	精车左端外形轮廓,保证车床及粗糙度	T01	35°外圆刀	1 000	100	0.3	
8	锐边倒钝,去毛刺						
编制		审核		批准		年　月　日	共　页	第　页

(二)加工操作

具体加工操作见表 16-3。

表 16-3　数控加工工序卡

序号	操作流程	工作内容及说明	备注
1	机床开机	检查机床→开机→低速热机→回机床参考点	
2	工件装夹	用三爪卡盘夹住毛坯一端,使用卡盘扳手和加力杆夹紧工件,注意工件伸出长度不能过长,以超出最长加工长度 10 mm 左右为宜	

续表

序号	操作流程	工作内容及说明	备注
3	刀具安装	安装外圆车刀、切断刀。刀具的伸出长度应尽量短,要保证刀尖与工件中心等高。另外,切断刀刀杆要与刀台平齐,避免撞刀	
4	建立工件坐标系	用切削法建立工件坐标系。建议采用手轮模式进行试切,避免撞刀	参照任务二完成对刀操作
5	程序传输	通过 U 盘进行数据程序的传输	
6	运行程序	先调低倍率单段运行程序,无问题后再调到 100% 倍率加工工件。如有事故立即按下急停按钮	
7	零件检测	使用千分尺测量外圆直径,游标卡尺测量工件长度值	

六、考核评价

具体评价项目及标准见表 16-4。

表 16-4　任务评分标准及检测报告

序号	检测项目	检测内容	配分/分	检测要求	学生自测		教师测评	
					自测尺寸	评分	检测尺寸	评分
1	长度	84.11	10	超差不得分				
2	长度	20	10	超差不得分				
3	外圆	$\phi 36_{-0.05}^{0}$	10	超差不得分				
4	外圆	$\phi 36_{-0.05}^{0}$	10	超差不得分				
5	表面粗糙度	$Ra1.6$	5	超差不得分				
6	倒角	未注倒角	3	不符合不得分				

序号	检测项目	检测内容	配分/分	检测要求	学生自测		教师测评	
					自测尺寸	评分	检测尺寸	评分
7	去毛刺	是否有毛刺	2	不符合不得分				
8	圆弧轮廓	R1	5	未完成不得分				
		R23	5	未完成不得分				
		R62	5	未完成不得分				
9	机械加工工艺卡执行情况	是否完全执行工艺卡片	5	不符合不得分				
	刀具选用情况	是否完全执行刀具卡片	5	不符合不得分				
10	现场操作	安全生产	10	违反安全操作规程不得分				
		整理整顿	5	工量刃具摆放不规范不得分				
		清洁清扫	5	机床内外、周边清洁不合格不得分				
		设备保养	5	未正确保养不得分				

七、总结提高

填写表 16-5,分析任务计划和实施过程中的问题及原因并提出解决办法。

表 16-5　任务实施情况分析表

任务实施内容	问题记录	解决办法
加工工艺		
加工程序		
加工操作		
加工质量		
安全文明生产		

八、练习实践

自选毛坯,制订计划,完成如图 16-34 所示零件的加工和检测,填写表 16-6。

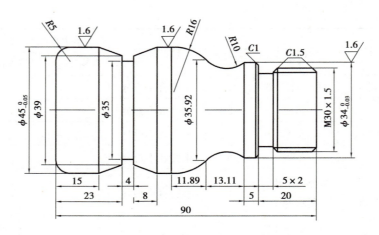

图 16-34　零件图

表 16-6　评分标准及检测报告

序号	检测项目	检测内容	配分/分	检测要求	学生自测		教师测评	
					自测尺寸	评分	检测尺寸	评分
1	内外形轮廓尺寸	90	5	超差不得分				
2		23	3	超差不得分				
3		20	3	超差不得分				
4		8	3	超差不得分				
5		5×2	3	超差不得分				
6		4	3	超差不得分				
7		$\phi 45_{-0.05}^{0}$	5	超差不得分				
8		$\phi 39$	5	超差不得分				
9		$\phi 35$	5	超差不得分				
10		$\phi 34_{-0.03}^{0}$	5	超差不得分				
11		$\phi 100$	5	超差不得分				
12		$R16$	4	未完成不得分				
13		$R10$	4	未完成不得分				
14		$R5$	2	未完成不得分				
15	表面粗糙度	$Ra1.6$	5	超差不得分				
	倒角	$C1\backslash C1.5$	3	不符合不得分				
16	去毛刺	是否有毛刺	2	不符合不得分				

续表

序号	检测项目	检测内容	配分/分	检测要求	学生自测		教师测评	
					自测尺寸	评分	检测尺寸	评分
17	机械加工工艺卡执行情况	是否完全执行工艺卡片	5	不符合不得分				
	刀具选用情况	是否完全执行刀具卡片	5	不符合不得分				
18	现场操作	安全生产	10	违反安全操作规程不得分				
		整理整顿	5	工量刀具摆放不规范不得分				
		清洁清扫	5	机床内外、周边清洁不合格不得分				
		设备保养	5	未正确保养不得分				

任务十七　数控铣削 CAD/CAM 编程与加工

一、任务描述

在本任务中,我们将使用 CAD/CAM 软件完成如图 17-1 所示的零件铣削加工。面对数控技术的快速发展,我们不仅需要掌握扎实的基础知识和技能,更要怀有强烈的学习欲望和求知欲,以积极的态度主动拥抱新技术,不断学习、实践并勇于创新,将个人成长与国家制造业的转型升级紧密结合,用智慧和汗水谱写属于这个时代的工匠精神新篇章。

二、任务目标

(1)能阐述自动编程的优、缺点。
(2)能使用软件进行建模。
(3)能正确设置加工参数。
(4)能正确调整加工过程中的切削参数。
(5)能熟练操作数控机床进行零件加工。

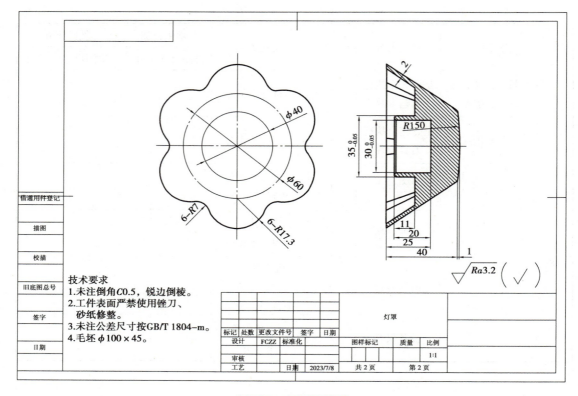

图 17-1　灯罩零件图

三、知识链接

（一）UG NX10.0 自动编程软件的概述

UG 是 Unigraphics Solutions 公司主要的 CAD 产品。它主要是为机械制造企业提供包括从设计、分析到制造应用的软件，基于 Windows 的设计与制图产品 Solid Edge，集团级产品数据管理系统 MAN，产品可视为技术 ProductVision 以及被业界广泛使用的高精度边界表示的实体建模核心 Parasolid 在内的全线产品。

UG 软件自从出现后，在航空航天、汽车、通用机械、工业设备、医疗器械以及其他高科技领域的机械设计和模具加工自动化的市场上得到广泛应用。在美国的航空业中，大量应用 UG 软件；在俄罗斯航空业中，UG 软件有 90% 以上的市场。同时 UG 软件还在汽车、医疗器械、电子、高科技以及日用消费品等行业得到普遍应用。

自 1990 年 UG 软件进入中国市场以来，以其先进的理论、强大的工程背景、完善的功能模块，在中国的应用被迅速推广，使中国成为其远东地区业务增长最快的国家。

该软件不仅具有强大的实体造型、曲面造型、虚拟装配和生成工程图等设计功能，而且在设计过程中可进行有限元分析、动力学分析和仿行模拟，提高设计的可靠性。同时，建立的三维模型可直接生成数控代码，用于产品加工，处理程序支持多种类型数控机床。另外，它所提供的二次开发语言 UG/Open API、UG/Open GRIP 简单易学，实现功能多，便于用户开发专用 CAD 系统。具体来说，该软件具有以下特点：

①具有统一的数据库，真正实现了 CAD,CAM,CAE 等各种模块之间的无数据交换的自由切换，可实施并行工程。

②采用复合建模技术，可将实体建模、曲面建模、线框建模、显示几何建模与参数化建模集于一体。

③用造型来设计零部件，实现设计思想的直观描述。

④充分发挥设计的柔性，使概念设计成为可能。

⑤提供辅助设计与辅助分析的完整解决方案。

⑥图形和数据的绝对一致及工程数据的自动更新。

(二)CAD/CAM 软件工作流程

CAD/CAM 软件工作流程图如图 17-2 所示。

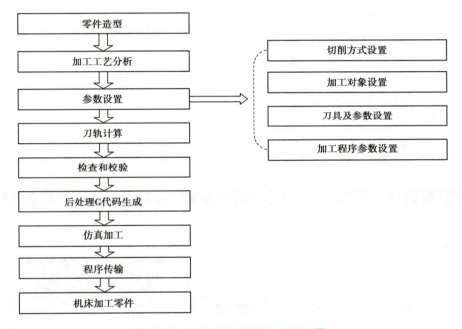

图 17-2　CAD/CAM 软件工作流程图

(三)自动编程软件动能简介

1. 主界面

启动 NX10.0 软件，进入主界面，如图 17-3 所示。其内容包括应用模块、显示模式、功能区、资源条、命令查找器、部件、模板、对话框、选择、视图操控、快捷方式和帮助等。

2. 工作界面

新建或打开一个文件后，系统将进入基础工作界面，如图 17-4 所示。该界面是其他各应用模块的基础平台。从图 17-5 中可以看到，工作界面主要由标题栏、工具栏、状态栏、部件导航器、图形区与基准坐标系组成。

图 17-3　NX10.0 主界面

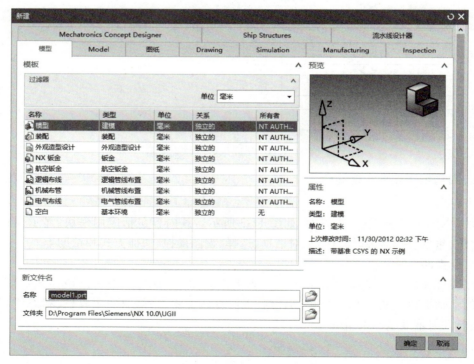

图 17-4　NX10.0 新建工作界面

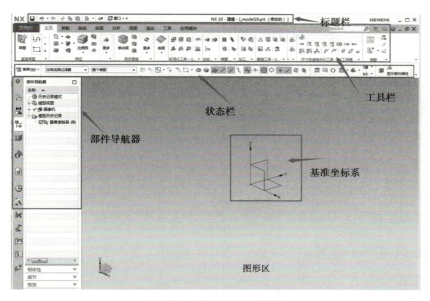

图 17-5　NX10.0 工作界面

①标题栏：在 NX10.0 用户界面中，标题栏用于显示软件版本与正在应用的模块名称，有一些基本工具，常用的就是保存和撤销（前撤和后撤），重复上一个命令等，直接单击即可。

②工具栏：工具栏中以简单直观的图标来表示对应的 NX10.0 软件功能，相当于从菜单区逐级选择到的最后命令。NX10.0 根据实际需要将常用工具组合成不同的工具条，进行不同的模块操作就会显示相应的工具。同时也可以右击工具条区域中的任何位置，系统将弹出工具条列表。用户可以根据工作需要，设置在界面中显示的工具条，以方便操作。

③状态栏：状态栏中主要是一些设置捕捉、过滤器、实体着色等辅助工具，一般情况下都是使用默认的。

④部件导航器：记录模型建模过程中，应用的命令和先后顺序，可以双击每一个操作，进行回滚修改。通过特征树可以随时对零件进行编辑和修改。

⑤图形区：软件操作区域，软件和用户交流的窗口。用于显示绘图后的效果、分析结果和刀具路径结果等。

⑥基准坐标系：软件操作的绝对零点位置和方向。

四、任务准备

（一）灯罩零件的三维造型

①正确打开 NX10.0 绘图软件，创建文件"灯罩.prt"，进入建模环境，如图 17-6 所示。

CAD/CAM软件
铣削零件绘图

图 17-6　进入建模环境

②建立草图工作平面，如图 17-7 所示。

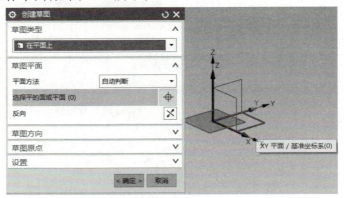

图 17-7　创建草图工作平面

③绘制草图，如图 17-8 所示。

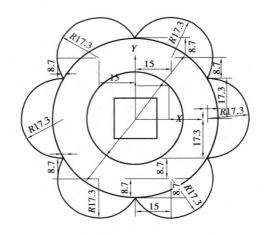

图 17-8　绘制草图

④用草图拉伸、布尔运算完成灯罩零件三维造型，如图 17-9 所示。

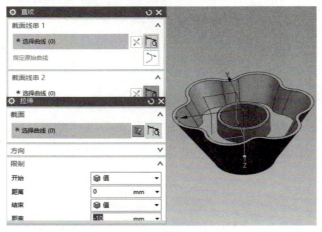

图 17-9　灯罩零件三维造型

⑤保存三维数模,文件名为"灯罩.prt",如图 17-10 所示。

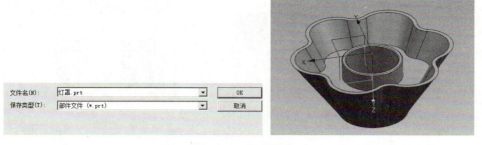

图 17-10　保存数模

(二)灯罩零件的自动编程

①进入加工环境,CAM 设置为平面铣削,如图 17-11 所示。

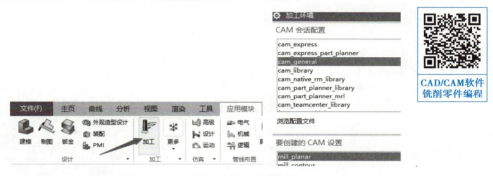

图 17-11　加工环境及 CAM 设置

②在工序导航器中创建几何视图,建立加工坐标系原点,如图 17-12 所示;指定部件及毛坯包容圆柱体,如图 17-13 所示。

图 17-12　创建部件几何体

图 17-13　创建毛坯几何体

③创建刀具 D10R0、D10R0.5、D6R3,如图 17-14 所示。

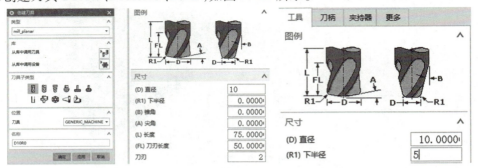

图 17-14　创建刀具

④创建灯罩零件型腔开粗加工工序(D10R0),选择加工区域,如图 17-15 所示。

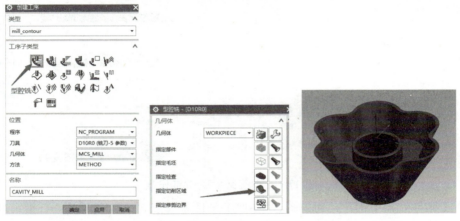

图 17-15　创建型腔铣、选择加工区域

⑤定义切削方式、步进、每一刀下刀深度,如图 17-16 所示。
⑥定义非切削移动(进/退刀),如图 17-17 所示。

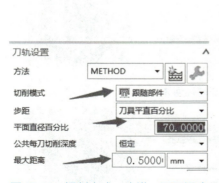

图 17-16　切削方式、步进、下刀深度　　　　图 17-17　定义非切削移动

⑦定义切削参数,如图 17-18 所示。

图 17-18　定义切削参数

⑧定义主轴转速、进给速度,如图 17-19 所示。

⑨生成刀路轨迹、3D 刀轨仿真,如图 17-20 所示。

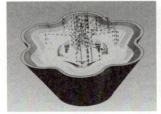

图 17-19　定义主轴转速、进给速度　　　　图 17-20　生成刀路轨迹、3D 刀轨仿真

⑩程序后处理、生成 G 代码,如图 17-21 所示。

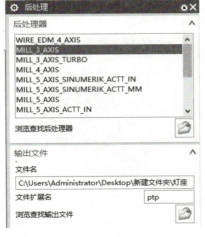

图 17-21　程序后处理、生成 G 代码

⑪创建灯罩零件型腔精铣加工工序（D10R0.5），选择加工区域，如图 17-22 所示。

⑫定义切削方式、步进，如图 17-23 所示。

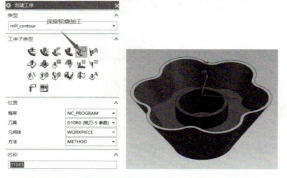

图 17-22　创建精铣加工工序、选择加工区域　　　图 17-23　定义切削方式、步进

⑬定义进刀/退刀、切削参数，如图 17-24 所示。

⑭定义精铣主轴转速、进给速度，如图 17-25 所示。

图 17-24　定义进刀/退刀、切削参数　　　图 17-25　主轴转速、进给速度

⑮生成刀路轨迹、3D 刀轨仿真及后处理，如图 17-26 所示。

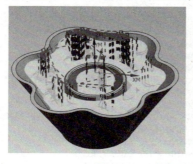

图 17-26　生成刀路轨迹、3D 刀轨仿真

⑯创建灯罩零件底面精铣加工工序（D10R0-1）、选择切削区域，如图 17-27 所示。

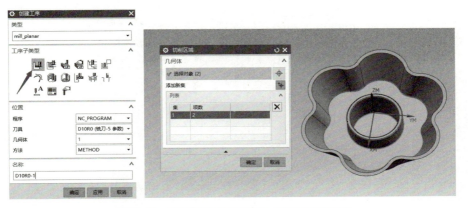

图 17-27   创建精铣加工工序、选择切削区域

⑰定义切削方式、步进、毛坯距离、下刀深度、进退刀方式，如图 17-28 所示。

⑱定义主轴转速、进给速度，如图 17-29 所示。

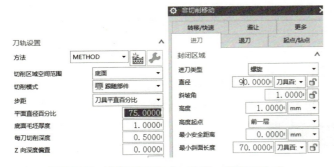

图 17-28   定义切削方式、步进、进退刀方式   图 17-29   定义主轴转速、进给速度

⑲生成刀路轨迹、3D 仿真加工及程序后处理，如图 17-30 所示。

⑳创建另一面外轮廓几何体，如图 17-31 所示。

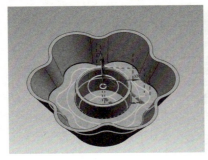

图 17-30   生成刀路轨迹、3D 仿真加工

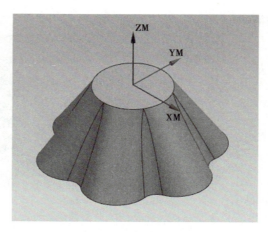

图 17-31　创建几何体

㉑创建灯罩零件外轮廓开粗加工工序（D10R0），选择加工区域，生成刀路轨迹、刀轨模拟及后处理，参数设置参考步骤④—步骤⑩。

㉒创建灯罩零件外轮廓精铣加工工序（D6R3），参数设置参考步骤⑪—步骤⑮。

（三）设备、刀具、辅助工量器具

实施本项目所需的设备、刀具、辅助工量器具，见表 17-1。

表 17-1　设备、刀具、辅助工量器具表

序号	名称	简图	型号／规格	数量
1	数控铣床		VMC850（机床行程：850 mm×500 mm×500 mm；最高转速：10 000 r/min；数控系统：华中 HNC818 型）	1
2	自定心卡盘		200 mm	1
3	游标卡尺		0～200 mm	1
4	内测千分尺		25～50 mm	1

续表

序号	名称	简图	型号/规格	数量
5	立铣刀		D10R0 D10R0.5	1
6	球头铣刀		D6R3	1
7	卡盘扳手			1

五、任务实施

（一）识读数控加工工序卡

根据灯罩零件的零件图分析，工件采用三爪卡盘装夹，在立式数控铣床上加工，见表 17-2。

表 17-2　数控加工工序卡

零件名称	灯罩	数控加工工序卡		工序号	1	工序名称	数铣
材料 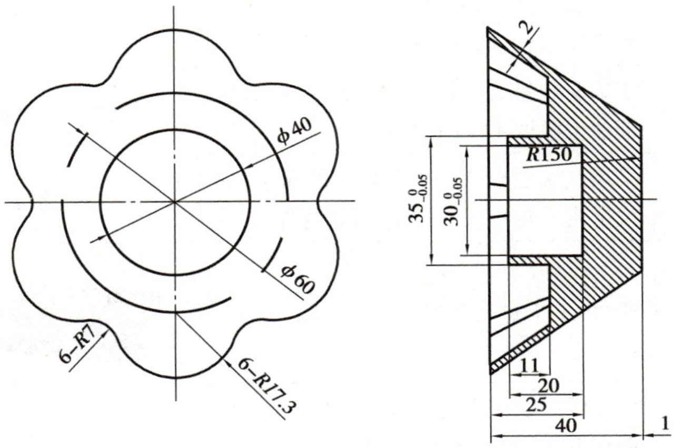	2A12	毛坯规格 /mm	$\phi100\times41$	机床设备	VMC850	夹具	三爪 卡盘

续表

工步号	工步内容	程序名	刀具名称	主轴转速 $n/(\text{r}\cdot\text{min}^{-1})$	进给速度 $f/(\text{mm}\cdot\text{min}^{-1})$	背吃刀量 a_p/mm	备注
1	下料 $\phi100$ mm×45 mm						
2	在车床上加工 2 个端面，保证尺寸 100 mm×41 mm						
3	灯罩零件内轮廓粗加工	O0001	D10R0	2 500	800	0.5	
4	灯罩零件内轮廓精加工	O0002	D10R0.5	4 000	1 200		
5	灯罩零件底面精铣加工	O0003	D10R0	2 500	800	0.5	
6	灯罩零件外轮廓粗加工	O0004	D10R0	2 500	1 500	0.5	
7	灯罩零件外轮廓精加工	O0005	D6R3	4 000	1 200		
8	锐边倒钝，去毛刺						
编制		审核		批准		年 月 日	共 页 第 页

（二）加工操作

具体加工操作见表 17-3。

表 17-3 加工操作

序号	操作流程	工作内容及说明	备注
1	机床开机	检查机床→开机→低速热机→回机床参考点	
2	工件装夹	用三爪卡盘夹住毛坯外径，使用卡盘扳手和加力杆夹紧工件，注意工件伸出长度不能过长，保证能够安全加工为宜	
3	刀具安装	正确安装铣刀，铣刀伸出不宜过长，保证加工深度 42 mm 即可	参照任务十数控铣床刀具安装
4	建立工件坐标系	采用试切法对刀，建立工件坐标系，建议采用手轮模式进行试切，避免撞刀	参照任务十数控铣床及对刀
5	程序传输	通过 CF 卡进行数据程序的传输	
6	运行程序	先调低进给倍率运行程序，无问题后再调到 100% 倍率加工工件。如有事故应立即按下急停按钮	
7	零件检测	使用千分尺测量外圆直径，游标卡尺测量工件长度值	

六、考核评价

具体评价项目及标准见表17-4。

表17-4　任务评分标准及检测报告

序号	检测项目	检测内容	配分/分	检测要求	学生自测		教师测评	
					自测尺寸	评分	检测尺寸	评分
1	内外形轮廓尺寸	41	5	超差不得分				
2		25	5	超差不得分				
3		20	5	超差不得分				
4		11	5	超差不得分				
5		$\phi 35_{-0.05}^{0}$	5	超差不得分				
6		$\phi 30_{-0.05}^{0}$	5	超差不得分				
7		$R150$	4	超差不得分				
8		$6\text{-}R17.3$	6	超差不得分				
9		$6\text{-}R7$	5	超差不得分				
10		零件加工完整情况	10	未完成不得分				
11	表面粗糙度	$Ra3.2$	5	超差不得分				
12	倒角	未注倒角	3	不符合不得分				
13	去毛刺	是否有毛刺	2	不符合不得分				
14	机械加工工艺卡执行情况	是否完全执行工艺卡片	5	不符合不得分				
	刀具选用情况	是否完全执行刀具卡片	5	不符合不得分				
15	现场操作	安全生产	10	违反安全操作规程不得分				
		整理整顿	5	工量刃具摆放不规范不得分				
		清洁清扫	5	机床内外、周边清洁不合格不得分				
		设备保养	5	未正确保养不得分				

七、总结提高

填写表17-5,分析任务计划和实施过程中的问题及原因并提出解决办法。

表 17-5　任务实施情况分析表

任务实施内容	问题记录	解决办法
加工工艺		
加工程序		
加工操作		
加工质量		
安全文明生产		

八、练习实践

自选毛坯,制订计划,完成如图17-32所示零件的加工和检测,填写表17-6。

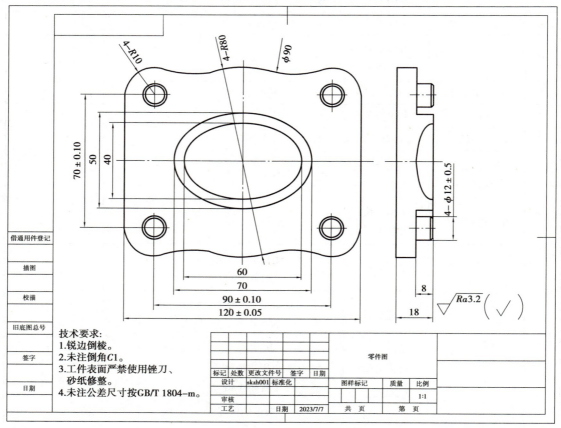

图 17-32　零件图

表 17-6　评分标准及检测报告

序号	检测项目	检测内容	配分/分	检测要求	学生自测		教师测评	
					自测尺寸	评分	检测尺寸	评分
1	内外形轮廓尺寸	120 ± 0.06	5	超差不得分				
2		100 ± 0.06	5	超差不得分				
3		90 ± 0.06	5	超差不得分				
4		70 ± 0.06	5	超差不得分				
5		$\phi60^{+0.08}_{-0.04}$	5	超差不得分				
6		$4\text{-}\phi12^{0}_{-0.06}$	5	超差不得分				
7		$5^{0}_{-0.12}$	4	超差不得分				
8		$8^{0}_{-0.12}$	3	超差不得分				
9		$\phi100$	5	超差不得分				
10		$4\text{-}R50$	3	超差不得分				
11		$4\text{-}R15$	10	未完成不得分				
12	表面粗糙度	$Ra3.2$	5	超差不得分				
13	倒角	未注倒角	3	不符合不得分				
14	去毛刺	是否有毛刺	2	不符合不得分				
15	机械加工工艺卡执行情况	是否完全执行工艺卡片	5	不符合不得分				
	刀具选用情况	是否完全执行刀具卡片	5	不符合不得分				
16	现场操作	安全生产	10	违反安全操作规程不得分				
		整理整顿	5	工量刃具摆放不规范不得分				
		清洁清扫	5	机床内外、周边清洁不合格不得分				
		设备保养	5	未正确保养不得分				

参考文献

[1] 许孔联,赵建林,刘怀兰. 数控车铣加工实操教程(中级)[M]. 北京:机械工业出版社, 2021.
[2] 宋福林,张加锋. 数控车铣加工职业技能实训教程[M]. 北京:化学工业出版社, 2021.
[3] 张慧英. 数控车削加工[M]. 北京:机械工业出版社,2018.
[4] 褚守云. 机械零件数控综合加工案例教程[M]. 北京:机械工业出版社,2017.